건설 프로젝트 위험관리

CONSTRUCTION PROJECT RISK MANAGEMENT

김선규 저

도서출판 구미서관

위험(危險) 앞에서...

'건설위험관리'를 출간한지 8년이 흘렀다. 건설프로젝트는 여전히 많은 위험에 노출되어있고 건설수행과정은 한층 어려워졌다. 그래서 건설에 종사하시는 분들의 가장 큰 이슈는 여전히 '위험관리(risk management)'이다. 이제 'Risk'는 건설프로젝트 모든 분야에서 빠질 수 없는 화두가 된 것 같다. 이러한 현상의 원인은 건설시장이 계속해서 어려워지고 있고, 건설의 미래가 더욱 불투명지기 때문이 아닌가 싶다.

위험관리는 어쩌면 뜬구름 잡는 이론일지 모른다. 다가올 미래 상황을 정확히 예측하고 사전에 철저히 예방한다는 것은 인간의 한계를 뛰어넘는 행위일 수 있기 때문이다. 그럼에도 불구하고 인간은 항상 미래에 대해 궁금해 하며 꿈을 꾸면서 희망을 가지는 아름다운 본능을 가지고 있다. 하지만 미래는 항상 장미빛 희망만으로 다가오지 않고 절망으로 우리 앞에 다가올 때도 많다. 그래도 우리는 미래에 대해 늘 환상적으로 '잘 되겠지', '그래 잘 될거야', '아니 잘 되어야 해'라며 스스로 안심시키는 멋진 습관을 가지고 있다. 그런 미래에 대한 환상에 대해 보수적이며 의심의 눈초리를 번뜩이는 것이 바로 위험관리이다. 그러다 보니 위험관리는 어쩌면 미래에 대해 환상을 품는 우리의 본능과 습관에 어울리지 않는 이론일지 모른다.

저자가 위험관리에 대해 관심을 갖게 된 것은 1983년 대림산업(주)에 입사하여 사우디아라비아 현장에 근무하면서부터였다. 공사가 워낙 대규모이고 공기가 부족하여 돌관공사로 진행된 원인도 있었지만 건설현장에서 발생할 수 있는 거의 모든 불확실성과 문제점들로 인해 겪었던 엄청난 고생은 건설공사의 미래는 과연 어느 정도 예측할 수 있고 어떻게 대비할 수 있는지에 대해 큰 관심을 갖게 하였다. 이러한 건설의 불확실성에 대한 관심은 이후 미국에서 CM을 공부하면서 'Construction Uncertainty'와 'Decision Analysis'와 같은 과목들을 수강하도록 하였고, 귀국해서 한국전력기술(주)에 근무하면서 위험관리와 관련된 논문들을 가능하면 모두 수집하고 읽는데 몰두하게 하였으며, 1990년 'Project Risk 분석 및 관리응용방법 고찰'이라는 국내 최초의 건설분야 위험관리논문을 게재하는 동기가

되었다. 그 이후에도 위험관리와 관련된 논문 및 자료수집은 계속되었고, 1997년말 IMF사태가 오고 1998년 건설기술교육원으로부터 건설공사 위험관리에 대한 강의 섭외를 받은 이후 지금까지 다양한 건설관련 회사 및 기관의 건설실무자들을 대상으로 건설공사 위험관리를 강의해오고 있다. 또한 박사학위의 논문주제도 위험관리였으며 대학교에 부임한 후에도 게재하거나 수행한 절반 이상의 논문과 연구과제들은 건설위험관리와 관련된 것들이었다.

건설분야의 위험관리는 일반적으로 사업 타당성 분석단계, 영업 및 입찰단계, 사업수행단계의 세 단계에 적용되고 있다. 사업 타당성 분석단계는 건설분야에 위험관리가 처음 도입된 단계로서 경제학 전공자들이 대거 참여하고 있으며, 영업 및 입찰단계에서의 위험관리는 국내 건설회사들이 해외 건설공사를 수주하기 위해 매우 중요한 분야로 인식하며 활발하게 적용되고 있다. 반면에 사업을 수주한 이후 설계 및 시공단계에서 위험관리를 적용하기 위한 연구 및 사례들은 국내외적으로 매우 미흡한 실정이다.

건설위험관리를 교내외에서 강의하면서 활용할만한 마땅한 교재가 거의 없고, 외국 서적들도 건설위험관리의 이론과 실무사례들을 종합적으로 다루고 있지 않아 사업수행단계에 건설위험관리를 적용하기 위해 노력해온 저자의 연구결과물들을 종합적으로 정리해야겠다는 생각을 가지게 되어 2010년 '건설위험관리'를 출간하게 되었다.

이 책은 '건설위험관리'의 목차를 거의 그대로 준용하고 있다. 다만 내용중 일부를 수정 보완하였고, 제5장에 위험도 산정 방법에 대한 저자의 연구내용을 추가시켰다. 아무쪼록 이 책에 담겨진 내용들이 '건설프로젝트 위험관리'에 대한 이해를 증진시키고 실무 적용에 일조할 수 있기를 기대한다.

2018년 6월

김선규

차 례

Part I 위험관리 일반

제1장 위험관리 개요 / 3

1.1 생존과 진화의 단서–미래에 대한 예측 본능 3
1.2 위험의 정의 5
1.3 위험의 형태 7
1.4 위험관리 정의 9
1.5 위험관리 프로세스 10
1.6 위험요소 15
1.7 발생 확률과 영향의 관계 16
1.8 위험중심의 사업관리기능 통합 18

제2장 위험관리 체계 / 21

2.1 위험분류체계 21
2.2 위험관리 조직체계 28
2.3 위험관리 참고자료 31

Part II

위험관리 프로세스

제3장 위험관리계획 수립 / 37

3.1 위험관리계획 수립 개요 37
3.2 위험관리계획 수립 입력사항 38
3.3 위험관리계획 수립 도구 및 기법 39
3.4 위험관리계획 수립 결과물 39
3.5 위험관리계획 수립 중점관리 사항 41
3.6 위험관리계획 실제 사례 43

제4장 위험인지 / 49

4.1 위험인지 개요 49
4.2 위험인지 입력사항 50
4.3 위험인지 도구 및 기법 52
4.4 위험인지 결과물 60
4.5 위험인지 실제 사례 61

제5장 정성적 위험분석 / 71

5.1 위험분석 개요 71
5.2 정성적 위험분석 72
5.3 정성적 위험분석 입력사항 72
5.4 정성적 위험분석 도구 및 기법 73
5.5 위험도 산정 방법 80

5.6 정성적 위험분석 결과물 92
5.7 정성적 위험분석 실제 사례 93

제6장 **정량적 위험분석** / 99

6.1 정량적 위험분석 개요 99
6.2 정량적 위험분석 입력사항 101
6.3 정량적 위험분석 도구 및 기법 102
6.4 정량적 위험분석 결과물 107
6.5 정량적 위험분석 실제 사례 108

제7장 **위험대응계획** / 113

7.1 위험대응계획 개요 113
7.2 위험대응계획 입력사항 114
7.3 위험대응계획 도구 및 기법 114
7.4 위험대응계획 결과물 118
7.5 위험대응계획 실제 사례 119

제8장 **위험추적 및 통제** / 127

8.1 위험추적 및 통제 개요 127
8.2 위험추적 및 통제 입력사항 128
8.3 위험추적 및 통제 도구 및 기법 129
8.4 위험추적 및 통제 결과물 130
8.5 위험추적 및 통제 실제 사례 131

Part III 위험관리 응용 기법

제9장 위험요인사전 / 139

9.1 위험요인사전 개발 배경 139
9.2 A사의 위험관리 요구사항 분석 140
9.3 위험요인 체크리스트 사례 조사 및 분석 142
9.4 민자사업 위험요인사전 개념 147
9.5 민자사업 위험요인사전 작성 150

제10장 VaR 개념을 응용한 위험허용도 / 155

10.1 VaR 개념에 대한 고찰 155
10.2 VaR에 대한 이해 157
10.3 VaR 개념을 응용한 건설공사 위험허용도 산정 160
10.4 베타(β)위험을 응용한 공종별 위험허용도 산정방법 164
10.5 VaR 개념을 응용한 위험허용도 기준 위험대응 프로세스 사례 171

제11장 위험성과지수 / 181

11.1 위험성과지수 개요 181
11.2 기존 성과관리 방법론 고찰 182
11.3 위험성과지수 개념 및 측정방법 185
11.4 위험성과지수 적용 사례 196

찾아보기 200

Construction project Risk Management

Part

I

위험관리 일반

제1장 위험관리 개요

제2장 위험관리 체계

제1장 위험관리 개요

1.1 생존과 진화의 단서-미래에 대한 예측 본능

삶을 영위해 가는 것은 시간의 축에서 보면 미래 상황이 현재가 되고 현재가 과거가 되는 연속적인 시간의 흐름을 따라가는 것이다. 미래가 끊임없이 다가오며 현재가 되고, 현재가 과거로 축적되어가는 과정 속에 수많은 진화와 도태, 성공과 실패, 발전과 퇴보가 반복되어 왔다. 시간 속에 존재하는 모든 생물체들은 다가오는 미래를 예측하고 대비하는 본능을 만들어내고 진화시킴으로써 종을 지켜내고 발전시켜 왔다. 이러한 생명체의 본능적 행위들은 난파당한 배가 침몰하기 전에 쥐들이 먼저 사라지는 현상, 2006년 동남아에 휩쓴 대형 지진 해일이 발생하였을 때 쓰나미가 덮치기 직전 코끼리들이 높은 곳으로 떼를 지어 올라갔던 사건, 2008년 봄 중국의 산동성에 발생한 대지진때 지진이 발생하기 전 두꺼비들이 떼를 지어 이동했던 사건들과 같은 과학적으로 명확하게 밝혀지지 않는 무수히 많은 자연현상들을 통해 확인할 수 있다. 인간의 경우도 '예감'이란 단어로 미래의 이상 상황에 대해 미리 예지하는 능력을 정의하고 있는데, 인간 역시 다른 자연 생물체와 마찬가지로 본능적으로 미래 상황을 예측하는 능력을 꾸준히 진화시켜 왔음은 어쩌면 당연하다 하겠다.

미래를 예측하고 미리 대비하고자 하는 사고와 행위, 그것은 어쩌면 생존에 가장 필수적이며 중요한 요소일 것이다. 특히 예측되는 미래 상황이 자신에게 불리하거나 악영향을 미치는 것들이라면 자칫 생존에 큰 위협이 될 것이므로 이러한 상황에 철저히 대비함으로서 생존의 위협으로부터 벗어나야 할 것이고, 만약 미래 상황이 자신에게 유리할 것으로 예측된다면 생존의 번성을 도모하거나, 미래에 닥칠지 모르는 손실에 대비하며 축적시켜 놓게 될 것이다. 이렇게 예측되는 미래 상황이 자신에게 손실을 초래하는 부분은 최소화시키고 동시에 이익을 가져다주는 부분은 최대화시키도록 사전에 미래 상황을 철저히 점검하고 준비하는 사고와 행위, 그것들이 생명체를 진화시켜온 가장 중요한 원동력이었음은 분명하다.

그러나 이렇듯 중요한 미래를 예측하는 사고와 행위에 대해 과학적으로 또는 이론적으로 어떤 방법이 최선이고 옳은가를 정확히 예단한다는 것은 현실적으로 매우 어렵다. 왜냐하면 누구도 미래를 미리 경험하지 않은 이상, 미래에 벌어질 일들에 대해 장담하거나 예단할 수 없으므로 그 미래를 정확히 예측하는 최선의 방법을 찾아내는 것이 불가능하기 때문이다. 그럼에도 불구하고 생존을 위해 미래는 가능하면 거의 모두 예측되어야 하고, 예측된 상황은 정확하고 신속하게 분석되어 합리적이며 철저히 대비할 필요성은 분명히 있다. 그러나 미래에 대한 정확한 예측과 대응은 어쩌면 불가능에 맞서는 돈키호테식의 엉뚱하며 무모한 도전일 수 있다.

미래를 정확히 예측할 수는 없지만 근접 추정으로라도 미래의 상황을 예측할 수만 있다면 이를 근거로 사전에 충분하게 대비할 수 있을 것이다. 이렇게 미래 상황을 정확하지는 않지만 근접하도록 추정함으로써 사전에 철저히 대비하려는 경영관리의 이론이 바로 위험관리(risk management)이다.

건설산업은 태생적으로 많은 불확실한 요인들을 내포하고 있다. 이는 건설산업이 타 산업과 달리 장기간에 걸쳐 대량의 자원이 투자되는 단품 생산구조라는 독특한 특성을 갖고 있기 때문이다. 즉 사업의 착수부터 완공까지 짧게는 몇 개월 길게는 십년 이상 소요되는 건설공사는 사업이 진행되면서 발생하는 각종 자연재해, 경제사회적, 법제도적, 환경적, 불가항력적 불확실한 요인들에 의해 영향을 받기 때문에 늘 불안정할 수밖에 없다. 또한 사업에 투자되는 자원의 종류가 다양하고 대규모이기 때문에 기능인력 및 자재의 수급, 물가상승, 환율변동 등과 같은 불확실한 요인들에 많이 노출되어 있다. 이외에도 기술의 발전, 관리기법의 진보 등 건설기술과 관련된 무수한 불확실한 요인들과 건설사업 내부에 잠재하는 공정, 원가, 품질, 안전, 계약과 관련된 불확실성 등을 고려해 보면, 건설사업이란 착수에서 완료까지 시시각각 삼각파도처럼 다가오는 다양한 형태의 불확실성들과 대항하여 생존게임을 벌이는 격렬한 전투의 연속이라 해도 과언이 아닐 것이다. 건설 분야에서 사업에 내재된 무수한 미래의 불확실성을 가능하면 사전에 정확히 예측 및 분석하고, 이에 합리적으로 대응함으로써 건설사업의 성공확률을 높이고자 하는 이론이 건설위험관리(construction risk management)이다.

이 책은 건설위험관리를 이론적 측면에서 분야별로 상세히 기술하고, 이를 실무적으로 적용하는 방법과 절차에 대해 실제 사례와 함께 보완 설명함으로써 건설위험관리에 입문하는 건설기술자뿐만 아니라, 건설위험관리를 실무에 적용하고자 하는 건설사업관리전문가(construction manager)들을 위한 지침을 제공하는데 목적이 있다.

1.2 위험의 정의

위험(risk)은 많은 사람들에게 다른 의미를 갖고 있다. 즉 위험의 개념은 위험을 바라보는 관점, 태도, 그리고 경험에 따라 다르게 정의될 수 있다. 그러나 건설사업 위험관리의 명백한 대상인 건설위험을 명확하게 정의하지 않는다면 위험관리 그 자체가 또 다른 위험으로 전락할 수 있다. 따라서 건설사업의 위험을 좀 더 명확히 정의하기 위하여 문헌상의 다양한 의견들을 우선적으로 정리해 볼 필요가 있다.

첫째, 위험을 사업목표에 불리하게 또는 유리하게 작용하는 불확실한 사건 및 상황으로 정의하는 것이다.[1] 즉 위험을 불확실한 상황으로 예측되는 유·불리한 상황 모두를 포함하는 것으로 정의하는 것이다. 이러한 정의는 위험을 발생 가능성이 있는 모든 사건 및 상황을 전제로 한 것이므로 불확실한 상황과 위험을 동일시하는 관점이라 할 수 있다.

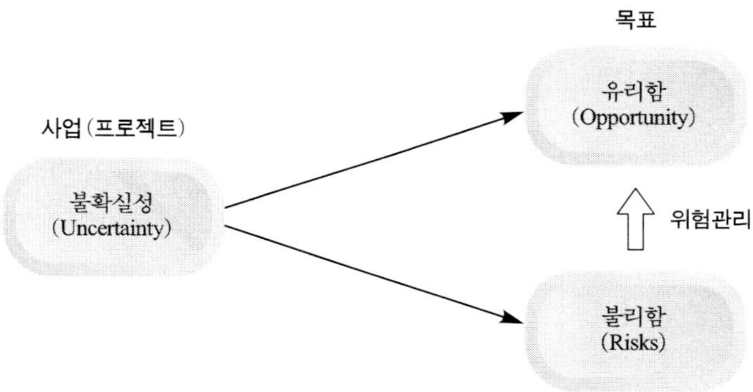

그림 1.1 위험과 불확실성 비교

둘째, 위험을 불확실성(uncertainty)과 비교하여 정의하는 것이다. 일반적으로 불확실성과 위험은 흔히 상호 교환되는 단어로 인식하지만 분명한 차이가 있다. 불확실성이란 미래에 대한 예측이 불가능하여 결과의 유·불리함을 판단할 수 없는 상황인데 반해, 결과가 불리하게 나타나는 경우를 위험(risk)이라 하고, 그 반대의 경우를 기회(opportunity)라 정의하는 것이다.[2](그림 1.1 참조) 즉 위험과 기회는 불확실성을 모체로 하여 분화된 상반되는 결과로 정의하는 것이다.

---

1) PMI, "Project Risk Management", PMBOK 2000 Edition, 2000
2) PMI, "A Guide to Managing Project Risks and Opportunities", 1992

셋째, 위험과 불확실성의 차이를 계량화의 관점에서 비교하여 정의하는 것이다. 불확실성은 특정상황의 발생가능성에 대해 거의 알지 못하여 그 크기를 계량화할 수 없는 상황으로 일컫는 반면, 위험은 특정상황의 발생확률과 손실추정이 가능하여 그 크기의 계량화가 가능한 경우로 정의한다.[3] 또한 위험과 그 위험 내의 불확실성 사이의 약간의 차이는 수량화 특성이며 불확실성은 발생가능성에 확률을 부가할 수 없는 상황으로 설명되곤 한다고 지적한다. 미래는 알려지지 않았고 사업의 모든 결정이 미래 사건들의 예측을 포함한다면, 위험과 불확실성은 미래 사건들에 대한 지식의 정도에 기초한 연속선(continuum)의 반대편 끝에 위치한다는 것이다. 즉 연속선에서 위험은 사건의 발생가능성과 영향에 관한 자료가 존재하는 좀 더 접근 가능한 끝인 반면, 불확실성은 판정을 내릴 자료나 경험이 없는 그리고 의사결정자가 값에 부가되는 주관적 의견에 의존해야 하는 접근하기 어려운 끝에 위치하는 것이다.[4]

넷째, 위험을 위기(crisis)와 비교하는 것이다. 일반적으로 위험과 위기는 동일한 의미로 받아들이지만 그 뜻하는 바는 크게 다르다. 즉 위기는 사업에 잠재된 위험요인이 현실화되어 실질적으로 손실이 초래되는 상황을 의미하는 반면, 위험은 실질적인 손실이 초래될 만한 불확실한 상황 및 사건으로 정의하는 것이다. 즉 사업의 잠재된 요인으로 인해 실질적 손실이 발생한 상황인지, 혹은 손실 이전의 상황인지에 따라 위험과 위기를 구분하는 것이다.[5]

다섯째, 위험을 하자드(hazard)와 비교하는 것이다. 하자드는 통상 나쁜 결과를 가져오는 어떤 것(something)으로 정의하는 반면, 위험은 하자드한 결과의 비용과 그것이 발생할 가능성의 곱이라는 의미로 정의한다.[6] 이 경우 하자드는 손실발생 이전의 상황이며, 위험은 이러한 상황으로 예측되는 계량화된 수치로 정의하는 것이다.

여섯째, 건설사업에 국한된 위험에 대한 정의이다. Raftery는 건설사업에 있어 설계자, 기술자, 시공자들은 건설위험을 주로 기술적 관점에서 바라보는 경향이 있지만, 발주자 또는 투자자들은 경제적, 재무적 측면에서 건설위험을 바라보는 경향이 매우 강하므로 건설위험은 일반화시키기 매우 어려운 추상적 개념이라고 주장한다.[7] 그러나 Baloi와 Price는 건설사업이란 통상적으로 비용, 공기, 품질을 성취하는 것을 목표로 정의되

3) N.J. Smith, “Managing Risk in Construction Project”, Blackwell Science, 1998
4) Guissseppi A. Fprgionne, “Quantitative Decision Making”, Wadworth Publishing, 1996
5) R. Max Widerman, “Project and Program Risk Management”, PMBOK Handbook Series Vol. No. 6, 1992
6) L. Edwards, “Practical Risk and Management in the Construction Industry”, Thomas Telford, 1995
7) Raftery, “Risk Analysis in Project Management”, E&FN SPON, 1994

기 때문에 건설에서의 가장 중요한 위험은 이러한 목표들을 성취하는데 실패하는 것으로 정의한다. 그리고 Chapman과 Ward는 건설산업의 위험을 사업기획, 설계, 시공, 시운전 단계 동안 비용, 공기, 품질로 구성되는 사업의 목표에 영향을 미치는 잠재적 또는 실질적 위협 또는 기회로 표현한다.[8]

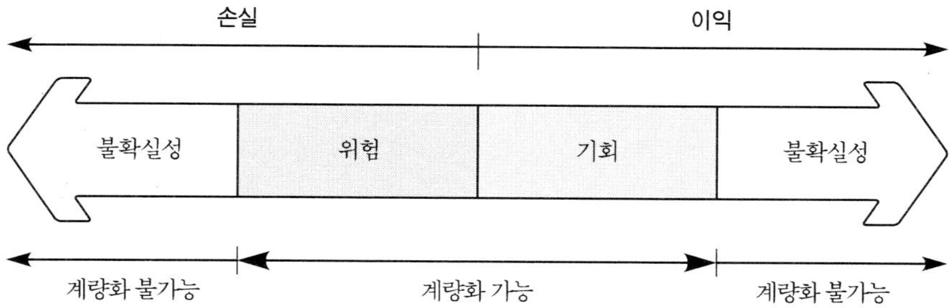

그림 1.2 불확실성과 위험 스펙트럼

이상과 같이 다양한 위험에 대한 논의들을 단정적으로 규정하는 것은 거의 불가능하다. 다만 대부분의 정의에서 공통적인 것은 위험이란 의미는 대부분 손실 또는 피해와 관련된 부정적 측면만을 강조하는 반면 수익 및 획득과 같은 적극적인 측면은 등한시하고 있다는 점이다.[9] 또한 위험을 불확실성이란 모체로부터 분화된 손실요인으로 계량화가 가능한 잠재적 요인으로 정의하고 있다는 것이다.

이상과 같은 문헌상의 다양한 관점을 기준으로 건설사업의 위험을 '건설사업의 목표에 불리하게 작용하는 계량화가 가능한 잠재적 손실요인'으로 정리할 수 있다. 즉 건설위험은 건설사업에 내재된 계량화가 가능한 손실요인으로서 불확실성 및 기회요인과는 분명히 구분되는 관리대상을 의미한다(그림 1.2 참조).

1.3 위험의 형태

건설사업의 위험들은 매우 다양한 형태로 잠재되어 있으므로 관리목적 또는 편의를 위해 유사한 종류별 위험의 형태를 구분할 필요가 있다. 그러나 위험의 형태를 구분하는 특별한 기준은 없다. 다만 일반적으로 세 가지 위험의 형태를 문헌들로부터 다음과 같이 정리할 수 있다.

---

8) Chapman and Ward, "Project Risk Management Processes, Techniques and Insights", Wiley, 2000
9) 김인호, "미래지향적 안목의 건설계획과 의사결정", 대한건설협회 일간신문사, 1995, p353

첫째, 위험의 형태를 순수위험(pure risk) 또는 보험이 가능한 위험(insurable risk)과 투기적 위험(speculative risk) 또는 경영위험(business risk)으로 구분하는 방법이다.[10)] 순수위험은 재무적 이익 가능성이 전혀 없고 재무적 손실 가능성만이 존재하는 위험의 형태이다. 즉 불확실성으로 인한 실제 상황에 있어 재무적 이익을 기대할 수 없는 위험의 형태인 것이다. 이러한 위험 형태들의 예는 자연재해, 자동차사고위험, 화재위험, 도난위험, 공사 중 안전사고위험 등으로서 그 결과는 순수한 재무적 손실만이 존재하기 때문에 보험을 통해 보상이 가능한 위험의 형태이다. 반면에 투기적 위험은 재무적 이익과 손실 가능성이 모두 포함되는 위험의 형태이다. 즉 불확실성으로 인한 실질적 상황에 있어 재무적 이익과 손실을 모두 기대할 수 있는 위험의 형태이다. 이러한 위험 형태들의 예는 경제적 위험, 정치적 위험, 계약위험, 관리위험 등으로 그 결과는 이익과 손실이 공존하는 위험의 형태이다. 따라서 투기적 위험은 보험이 불가능한 위험으로 이러한 위험에 대응하기 위한 현명한 경영의사결정이 매우 중요한 위험의 형태이다.

둘째는 위험의 형태를 알려진 위험(knowns), 알려졌으나 모르는 위험(known unknowns), 전혀 알 수 없는 위험(unknowns)으로 구분하는 방법이다.[11)] 알려진 위험은 잠재된 위험을 인지할 수 있고 인지된 위험의 발생 가능성과 손실의 범위를 추정할 수 있는 위험이다. 이러한 위험들은 건설과정에서 일반적으로 발생할 수 있는 위험이다. 반면에 알려졌으나 모르는 위험은 잠재된 위험을 인지할 수 있으나 인지된 위험의 발생 가능성과 손실의 범위 추정이 매우 어려운 위험이다. 예를 들면 지진, 태풍과 같은 자연재해들로 대부분 재앙적 손실을 가져오지만 발생 가능성이 매우 희박한 위험들이 이에 속한다. 전혀 알 수 없는 위험은 예측이 불가능한 위험이다. 즉 위험 자체를 인지할 수 없으므로 위험의 발생 가능성과 손실의 범위 추정이 불가능한 위험들이다. 이러한 위험의 대표적인 예가 AIDS이다. AIDS 바이러스를 발견하기 전까지 사망원인을 알 수 없었고 이에 대응하는 것 자체가 불가능하였다. 이렇게 구분하는 위험의 형태는 분석기법상 많은 차이를 나타내는데 알려진 위험에 대한 분석은 등급판정이 가능하지만, 알려졌으나 모르는 위험은 위험의 정도를 산정하기 위하여 고급의 시뮬레이션 기법이나 통계 확률적 기법들을 적용하게 된다.

셋째는 위험의 형태를 내부위험(internal risk)과 외부위험(external risk)으로 구분하

10) Bureau of Engineering Research, "Management of Project Risks and Uncertainty", The University of Colorado, Oct. 1989

11) Bureau of Engineering Research, "Management of Project Risks and Uncertainty", The University of Colorado, Oct. 1989

는 방법이다.[12] 내부위험은 사업 그 자체에 존재하는 위험들로 사업 내부에서 통제가 가능한 위험들이다. 예를 들면 사업관리 또는 사업기술적 위험들로서 공정위험, 원가위험, 품질위험, 관리위험, 설계위험, 기술위험, 안전위험 등이 이에 포함된다. 반면에 외부위험은 사업에서 통제가 불가능한 위험들로서 정부정책 및 법규 변동위험, 사회적 혼란위험, 환경오염위험, 자연재해위험, 환율위험, 세율위험, 원자재값 상승위험 등이 이에 속한다. 이렇게 구분하는 위험의 형태는 위험을 관리하는 비용을 사업 내부에서 확보할 것인지, 아니면 사업외부, 즉 회사공통으로 회사차원에서 확보할 것인지 판단하는 기준을 제공하게 된다.

위험의 형태는 위험분류체계(risk breakdown structure, RBS)를 만드는 기준이 된다. 사업관리의 업무분류체계(work breakdown structure, WBS)의 기능과 동일하게 위험분류체계는 위험관리를 위한 개념적 틀을 제공하게 되며 위험요인의 코드(code)화, 데이터베이스화, 정보공유를 위한 기본 도구가 되는 것이다. 위험분류체계는 사업형태, 계약형태, 관리관점에 따라 분류기준이 달라지며 위험의 형태는 이러한 분류기준의 원칙을 정하는 데 매우 중요한 역할을 하게 된다.

1.4 위험관리 정의

위험에 대한 정의와 더불어 이를 관리하는 방법론에 대한 정의도 매우 중요하다. 위험관리(risk management)에 대한 정의는 위험의 정의만큼 다양하지 않다. 따라서 위험관리에 대한 정의에서 공통점을 도출하는 것은 어렵지 않으며 대표적인 위험관리 정의를 소개하면 다음과 같다.

첫째, 사업관리 분야에서 국제적으로 인정되는 표준적 절차와 기법을 제안하는 미국의 사업관리협회(project management institute, PMI)에서는 '위험관리는 프로젝트 위험을 분류, 분석, 대응하는 프로세스들을 포함하며, 이러한 프로세스를 통해 프로젝트에 순영향을 주는 요인의 결과를 최대화하는 동시에 악영향을 주는 요인들의 결과를 최소화하는 관리기법[13]이다. 그리고 위험관리란 사업의 이익에 피해를 주는 위험에 대해 규명하고 평가·분석함으로써 경제적인 통제, 최소의 비용으로 예기치 않는 손실의 영향을 감소시키기 위해 조직의 제 자원과 활동을 계획, 조직화, 명령 및 통솔하는 과정이라 할 수 있다[14]'라고 정의하고 있다.

12) PMI, "Project Risk Management", PMBOK 2000 Edition, 2000
13) PMI, "Project Risk Management", PMBOK 2000 Edition, 2000, p127

둘째, Chapman과 Ward는 '위험관리의 필수적 목적은 사업과 관련된 위험을 체계적으로 인지하고, 평가 및 관리하는 것을 통해 사업성과를 증진하는 것으로 최종 목표는 위험을 축소(downside)시키고 기회를 증대(upside)시키는 것이다[15)]'라고 정의한다.

셋째, Smith는 '위험관리는 사업목표에 영향을 주는 만약의 어떤 것(what ifs)들, 즉 사업 생애주기 동안 발생하여 사업에 손실을 줄 수 있는 위험들을 감소, 흡수, 전가시키거나 잠재적 기회를 증진시키는 사전 행위적(proactive) 접근이다[16)]'라고 정의한다.

넷째, Daniel은 위험관리를 시스템적으로 다음과 같이 설명하고 있다. '위험관리시스템은 분해하고 분석할 수 있으며, 충분히 이해하여 관리할 수 있는 복잡하고 동적인 실체이다. 위험과 기회는 계량화할 수 있다. 위험과 기회의 관리에 필요한 투자는 구체적으로 열거할 수 있으며, 투자에 대한 수익 역시 예측하고 계산하며 감시할 수 있다. 위험과 기회의 기초를 이루는 시스템은 끊임없이 변화와 진화를 거듭한다. 그러나 위험과 기회는 순환적인 패턴을 드러내며 동적인 시스템 행동 법칙의 지배를 받는다[17)]'라고 정의하고 있다.

이상과 같은 정의로부터 위험관리는 사업목표에 손실을 끼치는 위험뿐만 아니라, 이익을 가져다주는 기회도 동시에 관리하는 사전 예측관리 기법이라는 것이 공통적으로 언급되고 있음을 알 수 있다. 따라서 위험관리란 '사업 생애주기 전 단계동안 사업에 영향을 미치는 불확실한 사건 및 상황들을 사전에 인지, 분석, 대응함으로써 사업목표에 불리하게 작용하는 위험요인들은 최소화시키고, 유리하게 작용하는 기회요인들은 극대화시키는 사전예방 관리기법'으로 정리할 수 있다.

1.5 위험관리 프로세스

위험관리 프로세스(risk management process)는 사업에 잠재하는 위험과 기회를 위험관리의 정의에 맞도록 체계적이며 논리적으로 관리하는 과정을 의미한다. 그러나 위험관리 프로세스는 위험관리를 실행하는 조직 및 관점에 따라 매우 다양하게 정의·운영되고 있다. 그중 대표적인 위험관리 프로세스들을 정리하면 다음과 같다.

첫째, 미국사업관리협회 PMBOK(2000)에서는 모든 형태의 프로젝트에 적용할 수 있

14) Spence J., "Modern Risk Management Concepts, BEFA Conference Proceedings", 1980
15) Chapman and Ward, "Project Risk Management Processes, Techniques and Insights", Wiley, 1998
16) N.J. Smith, "Managing Risk in Construction Project", Blackwell Science, 1998
17) Mark H. Daniel/안종설 역, "리스크의 세계(World of Risk)", 생각의 나무, 2000

고, PMBOK에서 정의하는 다른 사업관리 분야와 통합관리가 가능한 표준적이며 포괄적인 위험관리 프로세스를 다음과 같이 여섯 단계로 정의하고 있다.[18] 첫째, 위험관리 계획 및 정책, 그리고 위험관리에 활용할 기법 및 표준을 수립하는 위험관리계획 수립단계(risk management planning), 둘째, 사업에 내재된 위험요인을 체계적으로 인지하고 분류하는 위험인지단계(risk identification), 셋째, 인지된 위험요인의 크기 또는 영향정도를 정성적 방법으로 평가하는 정성적 위험분석단계(qualitative risk analysis), 넷째, 정성적으로 평가된 위험을 정량적으로 평가하는 정량적 위험분석단계(quantitative risk analysis), 다섯째, 분석된 위험에 대한 최적의 대응전략을 수립하는 위험대응계획단계(risk response planning), 여섯째, 대응전략 실행 후 잔여위험을 분석하고 추적하며 추가적으로 통제하는 위험추적 및 통제단계(risk monitoring and control)이다(그림 1.3 참조).

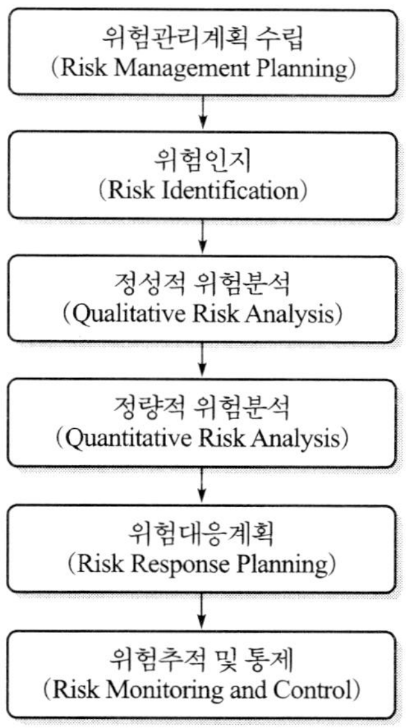

그림 1.3 PMI 위험관리 프로세스

둘째, Chapman and Ward는 모든 형태의 프로젝트에 사업생애주기동안 적용할 수 있는 일반 위험관리 프로세스(generic risk management process)를 다음과 같이 아홉 단계로 정의하고 있다.[19] 첫째, 사업관련 기존 정보를 종합·정리하는 정의단계(define),

18) PMI, "Project Risk Management", PMBOK 2000 Edition, 2000.

19) Chapman and Ward, "Project Risk Management Processes, Techniques and Insights", Wiley, 1998

둘째, 위험관리 프로세스의 전략계획을 수립하는 집중단계(focus), 셋째, 위험을 인지하는 인지단계(identify), 넷째, 인지된 위험을 좀 더 분명히 이해하기 위한 구조화단계(structure), 다섯째, 인지된 위험의 소속을 명확히 하는 소유권단계(ownership), 여섯째, 인지된 위험의 크기를 산정하는 견적단계(estimate), 일곱째, 위험의 크기를 평가하는 평가단계(evaluate), 여덟째, 위험관리계획을 수립하는 계획단계(plan), 아홉째, 위험관리계획을 실행하고 위험을 추적·통제하는 관리단계(manage)이다(그림 1.4 참조).

셋째, 미국 교통성(Department of Transportation, DOT)산하 기관으로 미연방이 관할하는 도로, 철도, 교량 등의 신설 및 유지관리를 담당하는 연방교통국(Federal Transit Agency, FTA)에서는 위험관리 프로세스를 발주자 관점에서 다음과 같이 정의하고 있다.[20] 첫째, 사업에 내재된 위험을 인지하는 위험인지단계(risk identification), 둘째, 발주자 관점에서 사업의 재무적 위험을 이해하는 발주자 재무적 위험 이해단계(owner's understanding of financial risk), 셋째, 사업에 참여하는 다양한 계약자들을 보증하는 보증기관의 위험평가로서 보증인의 평가단계(surety's risk), 넷째, 인지된 모든 위험을 모델화시키고 평가하는 위험 모델링 및 평가단계(risk modelling and evaluation), 다섯째, 평가된 위험을 발주자 및 계약자간 배분 또는 약화전략을 수립하는 위험배분 및 약화단계(risk allocation and mitigation)이다(그림 1.5 참조).

넷째, 영국 민자유치제도(Private Finance Initiative, PFI)에서는 민간자본투자사업을 기획 및 계약하는 단계에서 사업 전반에 내재된 위험을 관리하기 위한 목적으로 발주자 관점에서 다음과 같이 위험관리 프로세스를 정의하고 있다.[21] 첫째, 사업에 내재된 위험을 인지하는 위험인지단계(risk identification), 둘째, 인지된 위험의 결과를 수량화 하는 위험영향 수량화단계(quantifying consequence), 셋째, 인지된 위험의 발생확률을 추정하는 위험확률 추정단계(estimation of likelihood), 넷째, 분석된 위험을 일차적으로 보험처리하는 위험과 보험단계(risk and insurance), 다섯째, 보험처리 되지 않는 위험의 심층 분석인 민감도 분석단계(sensitivity analysis), 여섯째, 민감도 분석결과에 따른 위험의 배분 및 보유단계(risk allocation and retained)로 구분한다(그림 1.6 참조).

20) FTA, “Risk Assessment in Fixed Guideway Transit System Construction”, FTA, 1994
21) PFI, “How to construct a public sector construction-risk analysis”, PFI, 1997

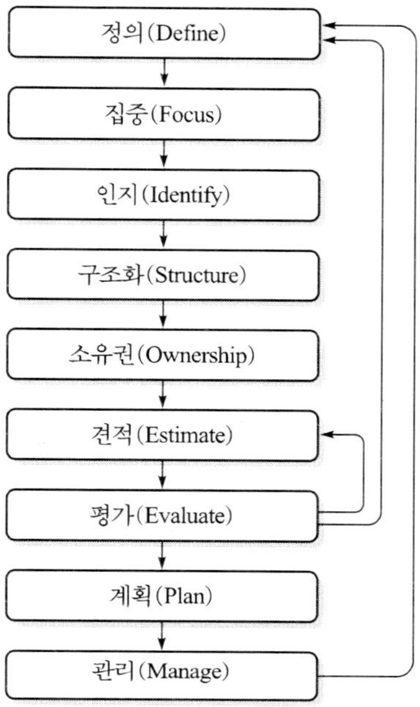

그림 1.4 일반 위험관리 프로세스 (generic risk management process)

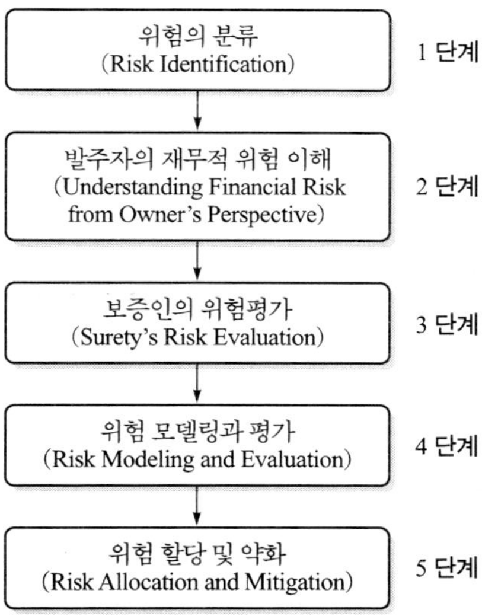

그림 1.5 FTA 위험관리 프로세스

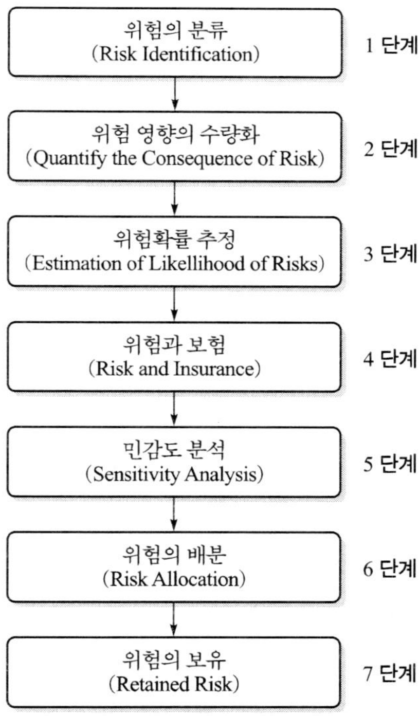

그림 1.6 PFI 위험관리 프로세스

다섯째, 영국 토목학회(Institute of Civil Engineers)와 보험회계학회(Faculty and Institute of Actuaries)가 공동으로 개발한 RAMP(risk analysis and management for project)는 자본투자사업(capital investment project)의 위험을 인지, 평가, 관리하기 위한 포괄적이고 체계적인 위험관리 프로세스이다.[22] 이 위험관리 프로세스는 네 가지 활동(activity)으로 구성되어 있으며 첫 번째 활동은 과정착수(process launch), 두 번째 활동은 위험검토(risk review), 세 번째 활동은 위험관리(risk management), 네 번째 활동은 과정종료(process close-down)이다(그림 1.7 참조).

첫 번째 활동에서는 RAMP 프로세스를 착수하는 것으로 프로세스의 기준 및 목적들, 역무와 계획들이 정의될 뿐만 아니라 개별 전문가들 또는 만약 투자가 대규모라면 팀이 RAMP 프로세스를 수행하기 위해 지명된다. 두 번째 위험검토 활동은 투자기간동안 주요 단계 또는 결정 포인트에서 반복되며, 체계적으로 위험을 인지하고 위험등록부(risk register)에 입력시키고 위험 발생 가능성과 영향, 그리고 그들 사이의 관계를 평가하게 된다. 이 단계에서 위험을 약화시키는 수단인 위험의 회피, 감소 또는 전가를 기준으로 위험대응계획이 준비된다. 세 번째 위험관리 활동은 투자과정의 각 단계에 대한 주된 관리 부분으로 위험검토 후에 실행된다. 이는 이전의 위험검토 기간에 개발된 위험약화전략과 위험대응계획을 실행하는 것을 포함한다. 사업과정 중에 활동과 일들은 새롭고 또는 변화하는 위험을 인지하기 위해 추적된다. 이때 적절한 수단이 위험을 처리하는데 적용된다. 위험보관자(risk custodians)라 불리는 사람들은 그들 분야내에 할당된 위험을 관리하도록 책임이 부여된다. 마지막 활동은 성공적으로 투자가 그것의 목적에 일치되게 이루어졌고 RAMP 효과가 그 결과에 기여했다는 회고적 검토가 이루어졌을 때 RAMP를 종료하는 것이다.

이상과 같은 다양한 위험관리 프로세스들은 위험관리의 목적과 대상, 위험관리를 실행하는 주체에 따라 약간의 차이를 보이고 있다. 그러나 PMI의 위험관리 프로세스가 국제적인 표준으로 인정받는 추세임을 고려하여 이 책에서 Part II의 위험관리 단계별 업무는 PMI의 위험관리 프로세스를 기준으로 기술한다.

22) Institute of Civil Engineer and the Faculty and Institute of Actuaries, "Risk Analysis and Management for Project(RAMP)", Thomas Telford, 2002

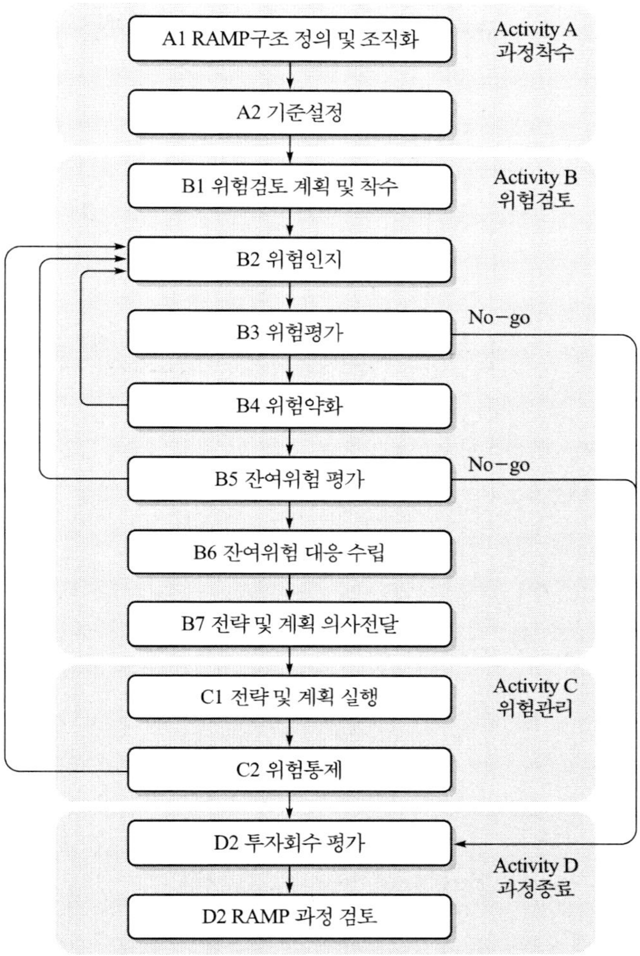

그림 1.7 RAMP 위험관리 프로세스

1.6 위험요소

위험관리는 사업에 잠재된 위험요소(risk factors)들을 판정하는 과정이다. 위험요소들은 위험 또는 기회 요인이 발생할 가능성을 나타내는 확률(probability), 위험 또는 기회요인이 발생했을 경우 사업에 미치는 효과를 나타내는 영향(impact), 위험 또는 기회요인이 발생할 수 있는 예상 시점(expected timing), 위험 또는 기회요인이 얼마나 자주 발생하는지를 나타내는 사건의 빈도(frequency of the event)로 구성된다.

1.7 발생 확률과 영향의 관계

위험관리를 구성하는 위험요소 중 위험 또는 기회요인이 발생할 수 있는 확률과 위험 또는 기회요인으로 인한 영향간의 관계는 건설사업 전체 기간 동안 변화한다. 건설사업의 전체 생애주기(total project life cycle)를 크게 계획(plan)단계와 수행단계(accomplish)로 구분하고, 계획단계를 개념(concept)과 개발(development)단계, 수행단계를 실행(implementation)과 완공(termination)단계로 각각 상세 구분하여 확률과 영향의 변화 관계를 설명하면 다음과 같다.

사업 초기인 계획단계 중 개념 수립단계에서는 사업에 대해 결정된 바가 거의 없기 때문에 사업의 불확실성은 최대가 되므로 사업에 잠재된 위험과 기회요인의 발생 확률은 최대가 된다.

그러나 사업이 진행되면서 개발단계에서 설계가 확정되면 사업의 불확실성은 감소하므로 위험과 기회요인이 발생할 확률도 감소하게 된다. 그러나 설계만이 완료된 상태이므로 사업의 불확실성은 여전히 높은 수준을 유지하게 된다. 사업수행단계로 접어들면서 건설업체가 선정되고 구조물이 건설되는 과정에서 사업의 불확실성은 상당한 수준으로 감소하게 되므로 위험과 기회요인의 발생 확률도 동반하여 감소한다. 사업이 완공단계로 접어들면 사업의 불확실성은 거의 제거되므로 위험과 기회요인의 발생확률도 최저수준으로 감소하게 된다.

결론적으로 사업에 잠재된 위험과 기회요인이 발생할 확률은 사업 착수시점에서 최대가 되고 사업이 진행되면서 감소하다가 사업이 종료되는 시점에서 최소가 되는 형태를 나타낸다.

반면에 사업 초기인 개념수립단계에서 위험과 기회요인으로 인한 영향은 그리 크지 않다. 왜냐하면 사업이 구체화되지 않은 상태에서 사업에 투자된 비용이 크지 않기 때문이다. 예를 들면 사업 초기의 주요 업무인 사업 타당성 분석 단계에서 오류가 발생했다고 가정했을 때 사업 타당성 분석 시점까지 투자된 비용은 그리 크지 않다. 그러나 사업이 진행되는 실행단계에서 설계 변경이 발생했다고 가정하자. 이 경우 공사가 중단되고 재설계와 재승인의 과정을 거치며, 자재와 장비를 다시 조달해야 한다면 이에 따른 소요비용은 크게 상승하고 공기지연까지 초래한다. 또한 극단적인 예로 사업 준공시점에서 부동침하로 인해 건물이 기울었다고 가정하자. 물론 이러한 사건이 발생할 확률은 극히 낮지만, 만약 이러한 사건이 발생한다면 전체 사업이 실패할 가능성도 있을 것이다. 따라서 사업의 위험과 기회요인으로 인한 영향은 사업 초기에는 매우 미미하다가 사업이 진행되면서 증대되는 형태를 나타낸다.

그림 1.8은 건설사업의 전체 생애주기동안 사업에 잠재된 위험 또는 기회요인의 발생 확률과 이로 인한 영향이 변화하는 패턴(pattern)을 보여주고 있다.

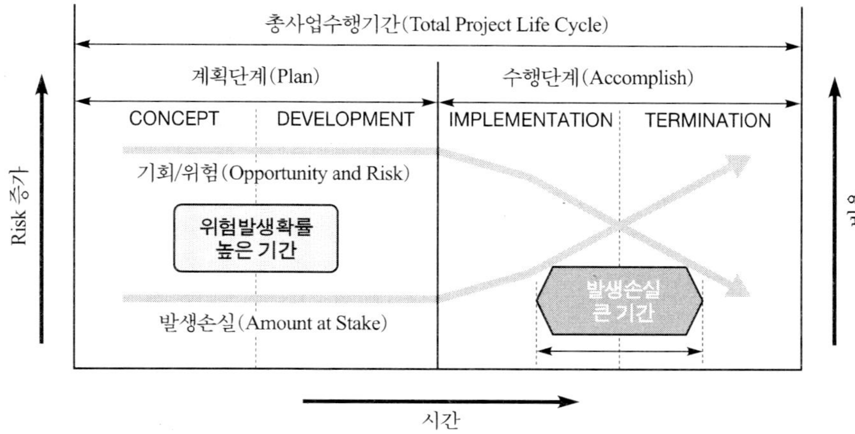

그림 1.8 발생 확률과 손실의 관계

사업 생애주기 동안 위험 또는 기회요인의 발생 확률과 영향이 변화하기 때문에 사업 단계별 위험관리 방법도 달라져야 한다. 사업 초기에는 위험 또는 기회의 발생 확률이 높기 때문에 사업의 불확실성을 감소시키는 방향으로 위험관리를 하게 되는데, 사업의 불확실성을 감소시키는 방법은 다음과 같다. 예를 들어 사업 타당성 분석단계에서 자체 보유 인력으로 정확한 사업 타당성 분석이 어려운 경우 비용을 더 지불하더라도 사업 타당성 전문회사에 외주를 준다거나, 사업 타당성 분석 전문가를 영입하여 사업 타당성 분석의 정확도를 높이는 동시에 불확실성을 감소시키는 방법이다. 또는 설계단계에서 설계 오류 발생 가능성을 감소시키거나 설계의 작품성을 향상시키기 위해 국내 설계용역회사보다 비용이 2, 3배 비싼 외국 설계전문회사에 설계용역을 의뢰하는 경우이다. 이 경우도 설계로 인한 불확실성을 감소시키고 기회요인을 향상시키는 위험관리 방법의 일환이라 할 수 있다.

설계가 완료되고 시공과정에서는 위험 또는 기회요인의 발생 확률은 감소하는 대신 위험요인으로 인한 영향이 증가하므로 위험요인 발생으로 인한 영향을 감소시키는 방향으로 위험관리를 하게 된다. 위험요인으로 인한 영향을 감소시키는 대표적인 방법이 보험에 가입하거나 보증을 요구하는 것이다. 만약 시공과정에서 위험요인으로 인해 큰 손실을 보게 될 경우 보험회사로 하여금 손실분을 대신 보상하도록 하는 것이다. 건설공사와 관련된 각종 보험에 가입해 두면 건설과정에서의 큰 손실을 사전에 예방할 수 있게 된다. 또한 계약서를 작성할 때 손실 또는 이익이 발생하는 경우 서로 분담하는 내용을 명기하여 실제 상황 발생 시 손실을 계약자간 공동 분담하여 손실의 규모를 감소시키는 방법 또는 사업에 잠재된 위험요인들을 사전에 분류하고 해당 위험요인을 가장 잘 관리할 수 있는 계약 당사자에게 위험요인으로 인한 손실 책임을 전가하는 방법도 위험요인으로 인한 손실의 규모를 감소시키는 위험관리 방법의 일환이다.

1.8 위험중심의 사업관리기능 통합

사업에서 위험의 상태는 다른 사업관리 기능 요소들이 사업수행기간 동안 변화하는 것처럼 크게 변화한다. 위험의 상태 변화는 다른 사업관리 기능에 큰 영향을 미치므로 위험관리는 사업생애기간동안 사업관리 기능을 통합하는 역할을 담당해야 한다. 그림 1.9는 위험관리가 다른 사업관리 기능들과 어떻게 통합되는지를 개념적으로 나타내고 있다.[23) 즉 위험 중심으로 다른 사업관리 기능들이 유기적으로 연계되는 위험관리 중심의 사업관리 개념을 보여주고 있다.

예를 들어, 공정관리 기능은 공기지연 및 공정간 분쟁과 같은 위험요인들, 원가관리기능은 견적오류 및 비용 초과와 같은 위험요인들, 품질관리 기능은 품질불량으로 인한 재시공 및 품질보증 절차 미비와 같은 위험요인들, 인적자원관리 기능은 인적자원 투입 부족 또는 자격미흡과 같은 위험요인들을 집중관리하는 것과 같이 위험관리 중심으로 사업관리를 수행하는 개념인 것이다.

물론 그림 1.9와 같이 위험관리가 사업관리의 중심이 된다면, 품질관리, 공정관리, 비용관리 등으로부터 반발을 가져올 수 있다. 그러나 전체 사업관리기능의 통합이라는 관점에서 모든 사업분야가 위험요인들을 내포하고 있으므로, 이들을 중심으로 사업관리하자는 주장은 나름대로 일리가 있다고 판단된다.'

23) R. Max Wideman, "Project and Program Risk Management, A Guide to Managing Project Risks and Opportunities", PMI, 1992

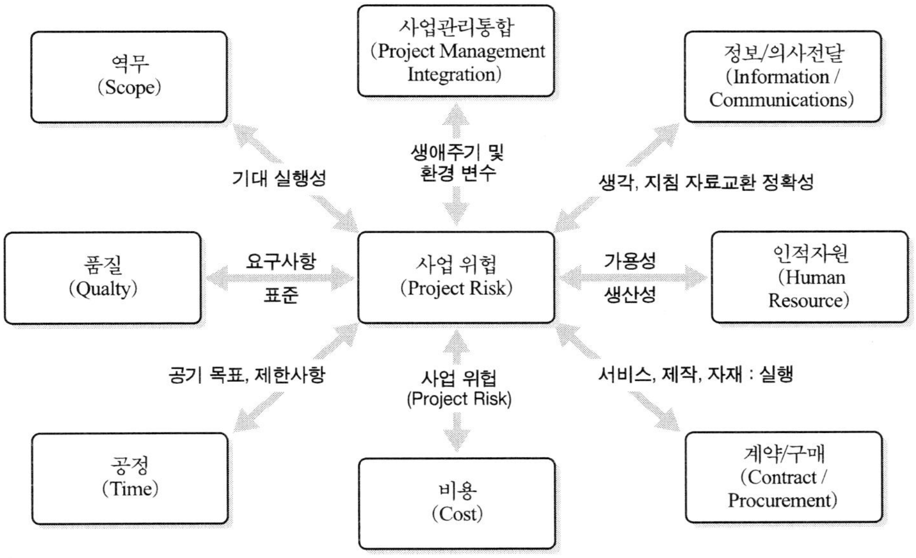

그림 1.9 위험 중심의 사업관리기능 통합

제2장 위험관리 체계

2.1 위험분류체계

위험분류체계(risk breakdown structure, RBS)는 건설사업에 잠재된 모든 위험요인들을 관리 가능한 수준까지 가계도(family tree) 형식으로 상세하게 계층 분류한 체계이다. 위험분류체계는 사업에 잠재된 다양한 위험요인들에 대한 성격을 규정함으로써 위험에 대한 식별을 돕고 적절한 대응방법을 모색할 수 있도록 한다. 만약 위험인지단계에서 위험에 대한 분류가 체계화되어 있지 않은 경우 위험요인을 제한적으로 식별하거나 누락할 우려가 존재하게 된다. 또한 위험분류체계는 건설사업 참여주체들간 건설사업에 잠재된 다양한 위험요인들에 대한 정보를 원활하게 상호 공유하고 의사소통할 수 있도록 하는 기본틀(basic frame)을 제공한다. 따라서 위험분류체계는 건설사업관리를 총괄하는 업무분류체계(work breakdown structure, WBS)와 연계될 수 있도록 매우 신중하고 체계적으로 구축되어야 한다.

위험분류체계는 위험을 관리하고자 하는 목적에 따라 다양하게 구성되며, 일반적으로 사업분야별, 사업단계별, 계약주체별로 위험요인을 분류한다.

2.1.1 사업분야별 위험요인 분류

사업분야별로 위험요인을 분류하는 방법은 건설사업에 잠재된 위험요인들을 전문분야별로 분류하는 가장 일반적인 형태이다. 그림 2.1은 미국 PMI에서 건설사업분야를 경제위험(economic risk), 계약위험(contract risk), 정치위험(political risk), 시공위험(construction risk), 관리위험(mangement risk)으로 구분하여 분류[1)]한 체계를 보여주고 있다.

1) PMI, "Risk Management by Expert System", March 1989

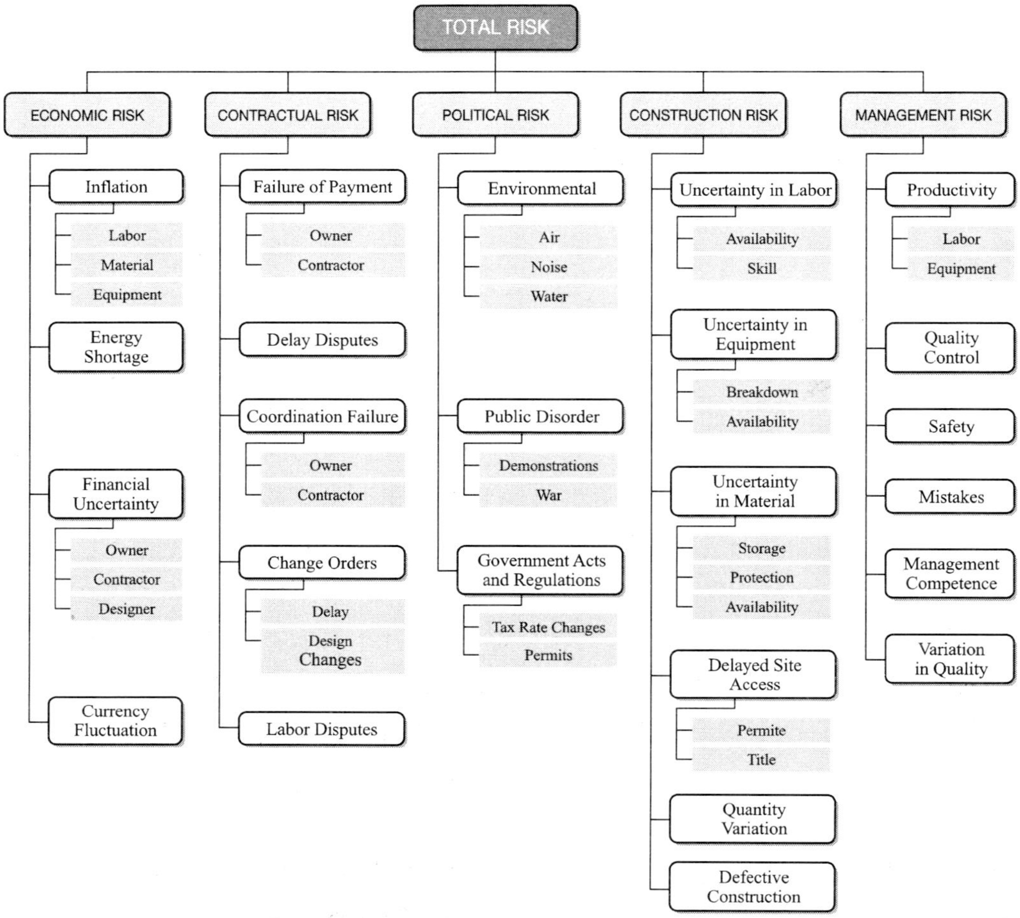

그림 2.1 PMI 사업분야별 위험분류체계

표 2.1은 미국 FTA에서 건설사업을 전체 15개 전문 분야로 구분하여 위험요인을 분류[2)]한 것을 나타내고 있고, 표 2.2는 영국의 PFI에서 8개 전문 분야로 구분하여 위험요인을 분류[3)]한 것을 나타내고 있으며, 그림 2.2는 He Zhi가 해외건설공사 위험요인을 4개 전문 분야로 구분하여 분류[4)]한 예를 보여주고 있다.

2) FTA, Publication No. DOT-T-95-01, Risk Assessment in Fixed Guideway Transit System Construction, 1994
3) PFI, A Guide to Managing Project Risks and Opportunities, 1992
4) He Zhi, "Risk management for overseas construction projects", International journal of project management Vol 13 No 4, 1995, pp231-237

표 2.1 미국 FTA의 사업분야별 위험분류

분류	위험요인
사업타당성	기술적 타당성, 장기간 실행 가능성, 정치적 상황
자금조달	자금조달의 출처, 인플레이션과 성장률, 비용과 예비비 분석의 정확도, 현금흐름, 환율, 예산
계획	범위, 사업의 복잡성, 기술적 구속, 유일한 자재 공급원이나 서비스 제공, 시공성, 공사착공시기, 공사완료시기, 작업과 지불 일정의 동시 진행성
설계	설계와 성능의 표준, 신뢰할 수 없는 자료, 복잡성, 설계의 완성도, 설계의 책임, 시스템 통합
계약의 유형	총액 계약, 단가계약, 실비정산 보수 가산
공사수행방식을 따른 계약	턴키 계약, 공동 도급 방식, 단수의 수의 도급자, 복수의 수의 도급자, 혁신적인 입찰 방법
지역과 지방의 경제상태	입찰자의 수, 건설거래에서의 실업률, 지역 도급자의 작업 부하
도급자 신뢰도	역량, 수용능력, 신용가치, 개인적 경험
발주자 관련	사업의 관리, 자재의 공급, 점검과 조사, 안전프로그램, 의사소통과 문제해결, 합자, 사업 착수 계획
법률조건	자격, 인허가, 인증, 환경적 조례와 연구, 특허 침해, 세금과 관세, DBE 관련
자연재해	폭풍, 지진, 홍수, 화재, 대지 위치에 떨어지는 모든 충돌
현장	접근성, 혼잡, 지하상태, 토질상태, 물, 시설, 고고학적 발견, 위험한 폐기물, 소음, 연기 먼지, 인접한 구조물, 보안 공공의 혼란
노무	생산성, 파업, 소수의견, 노동쟁의, 유용성, 작업윤리, 임금 규모, 자재남용, 지역 규칙, 조합, 자재 폐기물, 작업자 수당
손실과 손해	발주자의 책임, 도급자의 책임, 설계자의 책임, 만행, 노동쟁의, 사고 제삼자 고소
보증	일정, 성능, 간접손실, 변제 손해

표 2.2 영국 PFI의 사업분야별 위험분류

분류	위험요인
정치적 위험	-양보
법적 위험	-분쟁, 동의
상업적 위험	-시장, 환율, 예비비
환경적 위험	-민감도, 영향도, 유전학적
시공 위험	-물리적, 시공, 설계, 기술적
운영 위험	-운영, 훈련, 유지
재무 위험	-이자, 상환, 부채, 주식, 할당
수익 위험	-통행료, 개발, 예측

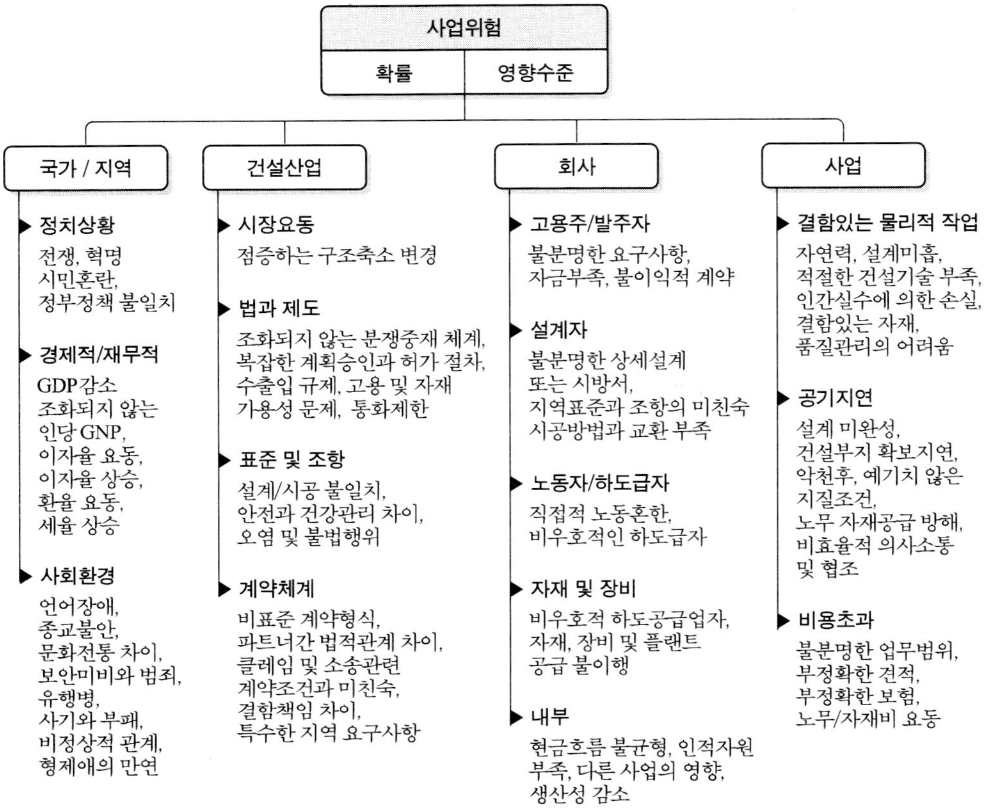

그림 2.2 He Zhi의 해외건설공사 위험분류체계

2.1.2 사업단계별 위험요인 분류

사업단계별로 위험요인을 분류하는 방법은 건설사업이 진행되는 단계를 기준으로 위험요인들을 구분하는 것으로서 건설사업의 프로세스를 관리하는 관점에서 위험을 분류하는 방법이다. Chapman & Ward는 건설사업의 위험요인들을 사업단계별로 착공, 설계, 계획, 구매, 시공, 인도, 재검토, 지원으로 구분하여 표 2.3과 같이 분류[5]하고 있다.

5) Chris Chapman & Stephen Ward, "Project Risk Management, Process, Techniques, and insight", Wiley, 1997, p16

표 2.3 Chapman & Ward의 사업단계별 위험분류

분류	위험요인
착 공	금융기관과 그들의 예상을 확인하는 것 적절하고 객관적인 성과를 확인하는 것
설 계	디자인의 신뢰도 검증, 디자인의 타당성 검증, 기준 성능 설정, 설계의 적정 비용 평가, 설계에 의한 적정 이익 평가, 설계 변경의 효과 평가
계 획	관리 구속력을 위한 허가와 평가, 계획의 타당성, 평가, 계획의 적정 공기 평가, 적정 시험 결정, 필요 지원 견적, 계획의 변경 효과 평가, 임시자금과 지원의 적정 수준 결정
구 매	전략문서 대안 평가, 계약기간과 조건 정의, 적절한 위험의 분담과 조정 결정, 계약조건의 내포, 평가, 미묘한 경쟁의 비교와 평가, 계약을 위한 입찰가격과 적절한 목표 가격 결정, 사업종료에 따른 적정 이윤 산정
시 공	잔여 시공 위험의 확인, 설계 혹은 계획 변경의 내포 평가, 달성 비용의 견적, 수정, 시공단계의 달성 기간의 산정 평가
인 도	납품시의 위험 확인, 납품기간의 타당성 평가, 기준성과 회의의 타당성 평가, 점검 장비의 신뢰도 평가, 사업의 납품 가능성 수정을 위한 자원의 평가 필요, 의뢰 시설의 유용성 평가
재검토	위험 관리 전략의 효율성 평가, 실제 위험과 효과적인 대응의 확인
지 원	향후 책임의 범위 확인, 필요한 자원의 적정 수준 평가, 사업의 이윤성 평가

2.1.3 계약주체별 위험요인 분류

계약주체별로 위험요인을 분류하는 방법은 건설사업의 계약당사자들인 발주자, 설계자, 시공자 등으로 위험요인들을 구분하는 것으로서 건설사업의 계약관리 관점에서 위험을 분류하는 방법이다.

L. Edwards는 건설사업의 계약당사자를 발주자, 설계자, 시공자, 제3자, 기타로 구분하여 표 2.4와 같이 분류[6]하고 있다.

6) L. Edwards, "Practical Risk Management in the Construction Industry", 1995

표 2.4 L. Edwards의 계약주체별 위험분류

분류	위험요인
현장 위험	-접근성, 보안, 추가적 토지요구, 기존 거주자 등
발주자 위험	-요구사항의 변경, 재무적인 보증, 불충분한 준비 등
시공자 위험	-가격변동, 클레임 분쟁, 기술부족, 현장관리 미숙 등
설계자 위험	-설계실수, 계약서류 미비, 경험, 부정확한 해석 등
제3자에 의한 위험	-승인, 요구, 법적 동의 등
기타 위험	-계약조건 변경, 정부의 규제, 정치적 변화

2.1.4 건설회사 위험분류체계 예

국내 A 건설회사의 위험관리계획서에서 제시하는 위험분류체계를 예로 들면 다음과 같다. A 건설회사의 위험분류체계는 레벨(level) 1, 2, 3으로 구성되며, 레벨 1은 본사차원에서 공통 관리하는 회사공통 위험요인과 사업 또는 현장차원에서 관리하는 사업단위 위험요인들로 대분류되어 있다.

회사공통 위험요인은 영업/수주활동과 관련한 영업/수주 위험요인, 견적 및 예산수립, 승인업무를 포함하는 견적/예산 위험요인, 인적자산 및 금융자산 등을 포함하는 자산관리 위험요인, 사업수행과 관련한 법적 또는 불가항력적 위험요인, 사업 내부에서 통제할 수 없는 외부위험으로 정치, 경제, 사회, 환경전반에 관련한 대외환경 위험요인들인 레벨 2로 중분류되어 있다.

사업단위 위험요인은 사업단위에서 관리 및 통제가 가능한 위험요인들로 사업의 착수시 계약도서, 착공 행정절차, 현장 조직구성, 공사부지 주변여건과 관련한 개설/착공 위험요인, 사업단위의 도급 및 실행, 하도급, 제경비, 매출 및 수금과 관련한 손익관리 위험요인, 사업 수행 중 발생하는 각종 설계변경, 공법변경, 자재변경 등과 관련한 기술관리 위험요인, 시공과정에서 발생하는 노무, 장비, 자재, 안전, 공정, 품질관리 등과 관련한 시공관리 위험요인, 사업 수행 중 대관, 대발주처, 대민원과 관련된 대외관리 위험요인, 사업 완료 후 준공과 관련한 정산, 인수/인계, 현장철수, 하자보수 등과 관련한 준공/인수인계 위험요인들이 레벨 2로 중분류되어 있다.

레벨 2로 중분류된 위험요인들은 위험분류체계의 최하위 단계인 레벨 3로 세분류되며, 그림 2.3은 A 건설회사의 전체 위험분류체계를 보여주고 있다.

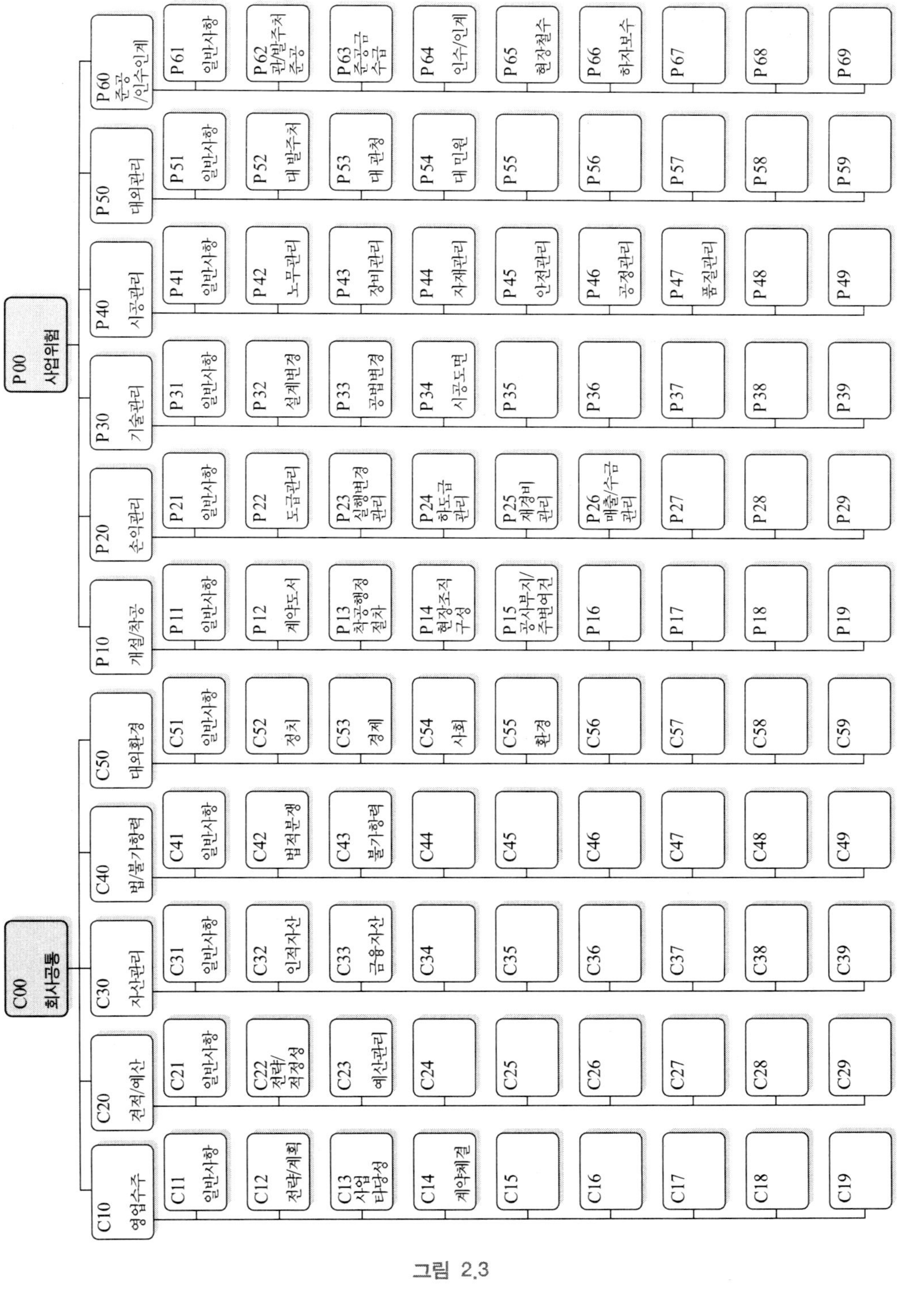

P 00 사업위험
P 10 개설/착공
P 11 일반사항
P 12 계약도서
P 13 착공행정 절차
P 14 현장조직 구성
P 15 공사부지/주변여건
P 16
P 17
P 18
P 19
P 20 손익관리
P 21 일반사항
P 22 도급관리
P 23 실행변경 관리
P 24 하도급 관리
P 25 재경비 관리
P 26 매출/수금 관리
P 27
P 28
P 29
P 30 기술관리
P 31 일반사항
P 32 설계변경
P 33 공법변경
P 34 시공도면
P 35
P 36
P 37
P 38
P 39
P 40 시공관리
P 41 일반사항
P 42 노무관리
P 43 장비관리
P 44 자재관리
P 45 안전관리
P 46 공정관리
P 47 품질관리
P 48
P 49
P 50 대외관리
P 51 일반사항
P 52 대 발주처
P 53 대 관청
P 54 대 민원
P 55
P 56
P 57
P 58
P 59
P 60 준공 /인수인계
P 61 일반사항
P 62 관/발주처 준공
P 63 준공금 수급
P 64 인수/인계
P 65 현장철수
P 66 하자보수
P 67
P 68
P 69
C00 회사공통
C10 영업수주
C11 일반사항
C12 전략/계획
C13 사업 타당성
C14 계약체결
C15
C16
C17
C18
C19
C20 견적/예산
C21 일반사항
C22 전략/적정성
C23 예산관리
C24
C25
C26
C27
C28
C29
C30 자산관리
C31 일반사항
C32 인적자산
C33 금융자산
C34
C35
C36
C37
C38
C39
C40 법/불가항력
C41 일반사항
C42 법적분쟁
C43 불가항력
C44
C45
C46
C47
C48
C49
C50 대외환경
C51 일반사항
C52 정치
C53 경제
C54 사회
C55 환경
C56
C57
C58
C59

그림 2.3

2.2 위험관리 조직체계

회사조직에 위험관리를 도입할 때 가장 큰 장애는 조직 내부의 개방된 의사소통의 부족이다. 그러한 조직에서 위험관리를 실행하는 것은 프로세스의 시작을 매우 고통스럽게 하지만 위험관리 프로세스를 통해 의사소통의 장애물을 해체시키고 개방된 논의를 위한 환경을 제공하게 된다. 조직의 성공적인 위험관리는 경영자의 관심, 동기부여, 방법론적 접근, 사업관리 방법, 유능함, 지식과 이해, 문화와 열린마음에 달려 있다. 그러나 위험관리를 실행하는 기술은 위험관리 경험이 없는 사람에게 3일 정도의 단기교육으로 습득되는 것은 아니다. 위험을 관리하는 기술은 시간이 경과되면서 학습되고 발전된다는 것을 이해해야 한다. 따라서 조직은 위험과 관련된 이슈에서 스스로 학습조직이어야 하고, 전문가를 고용하여 위험분석을 실시하거나 필요한 경우 직원들을 교육시켜야 한다.[7)]

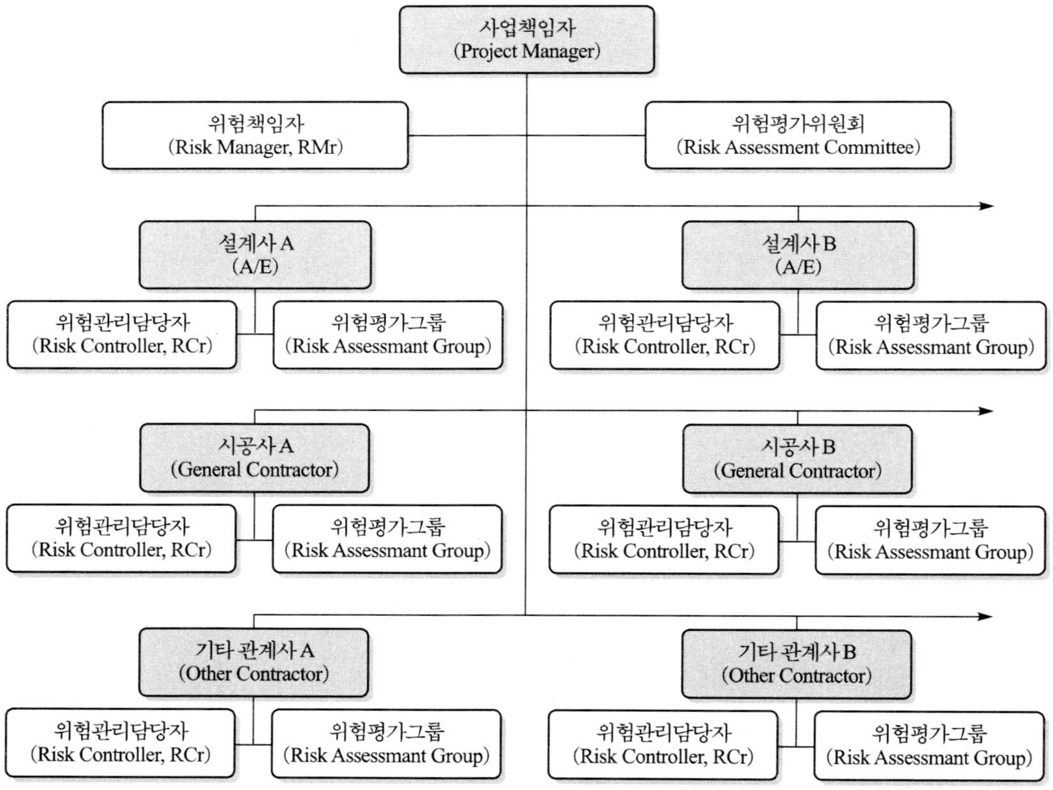

그림 2.4 대규모 건설사업 위험관리 조직체계

7) N. J. Smith, "Managing Risk in Construction Projects", 1998

위험관리를 수행하는 조직체계는 위험관리를 수행하는 주체 또는 대상에 따라 다르게 구성된다. 만약 위험관리를 수행하는 조직이 건설회사 전체를 대상으로 하는 경우 건설회사의 경영과 관련된 전체 분야의 위험을 관리하는 대규모 위험관리 조직체계가 구성되어야 하지만, 특정 건설사업에 국한되어 위험관리를 수행하고자 할 경우 해당 건설사업에 적합한 규모의 위험관리 조직체계가 구성되어야 한다. 일반적으로 위험관리 조직체계는 회사 또는 사업단위의 조직체계와 통합되어 위험관리 담당자가 결정되고 위험관리 담당자의 책임과 역할이 정의되어야 한다. 만약 기존의 사업조직과 별개의 위험관리 조직이 구성된다면 업무의 중복, 과중으로 인해 위험관리의 목적을 달성하기 어려울 것이다.

이 책에서는 복수의 설계사, 시공사, 기타 관계사들이 참여하는 대규모 건설사업의 위험관리 조직체계를 그림 2.4와 같이 가정하고 위험관리 조직체계의 위험관리 담당자들의 역할 및 책임을 기술한다.

2.2.1 위험관리자(risk manager, RMr)

위험관리자는 위험관리에 대한 전문지식을 갖춘 위험관리전문가로서 건설사업 전체의 위험관리업무를 총괄 지휘하며 주요 업무 및 자격 조건은 다음과 같다.

(1) 위험관리자의 주요 업무

- 위험관리계획 수립
- 위험관리 조직체계 구축 및 운영
- 위험관리담당자 지휘 및 통제
- 위험분석 및 평가보고서 작성 및 배포
- 주요 위험요인 위원평가위원회 상정

(2) 위험관리자 자격 조건

- 건설사업 내·외부환경 변화에 대한 충분한 인지 능력
- 위험분석 및 평가기법에 대한 전문지식
- 위험대응전략 수립 및 실행 능력
- 원만한 대인관계 유지를 통한 다양한 정보 수집 능력
- 탁월한 의사전달 및 회의운영 능력

2.2.2 위험관리담당자(risk controller, RCr)

위험관리담당자는 사업에 참여하는 설계사, 시공사, 기타 관계사에서 위험관리와 관련된 업무를 수행하며 건설사업 전체 위험관리 업무와 관련하여 위험관리자로부터 지휘 및 통제를 받는다.

(1) 위험관리담당자의 주요 업무

- 설계사, 시공사, 기타 관계사에서 위험관리 업무 수행
- 위험관리자에게 중요 위험요인 및 위험관리 활동 보고
- 설계사, 시공사, 기타 관계사 단위의 위험관리 DB화

(2) 위험관리자 자격 조건

- 사업단위 위험요인 인지 능력
- 위험분석 및 평가기법에 대한 지식
- 위험대응전략 수립 능력

2.2.3 위험평가위원회(risk assessment committee)

위험평가위원회는 건설사업 위험관리 최상위 기구로서 위험관리자로부터 주요 위험 분석 보고서(critical risk analysis report, CRAR)를 보고 받고 이에 대해 최종 평가를 하며 필요할 경우 대응전략을 승인한다.

(1) 위험평가위원회 역할

- 위험관리계획 승인
- 주요 위험분석 보고서 평가
- 위험 대응전략 수정 보완 및 승인
- 위험관리 전문인력 선정 및 배치

(2) 위험평가위원회 구성 및 운영

위험평가위원회는 건설사업의 발주자와 PM사 또는 CM사의 주요 관리자들로 5~10인 이내로 구성한다. 위험평가위원회의 의사결정은 객관적이며 중립적으로 이루어져야 하며, 주요 위험분석 보고서가 접수된 후 신속하게 평가를 실시하고, 평가 결과를 담당자에게 즉시 통보하여야 한다.

2.2.4 위험평가그룹(risk assessment group)

위험평가그룹은 설계사, 시공사, 기타 관계사 차원에서 인지된 위험요인에 대한 평가, 대응전략 수립 등 실질적인 위험관리 업무를 수행한다.

(1) 위험평가그룹 역할

- 설계사, 시공사, 기타 관계사 차원의 위험요인 등록여부 결정
- 등록된 위험요인 분석
- 위험 대응전략 수립
- 주요 위험요인 위험평가위원회 상정여부 결정

(2) 위험평가그룹 구성 및 운영

위험평가그룹은 설계사, 시공사, 기타 관계사 차원에서 위험관리담당자를 중심으로 3~5명으로 구성한다. 위험평가그룹은 위험요인을 인지하는 즉시 이를 평가, 분석 및 대응하기 위해 신속히 회의를 개최한다.

2.3 위험관리 참고자료

위험관리를 체계적이며 효율적으로 수행하기 위해 해당 건설사업과 관련하여 사전에 수집되고 정의된 다양한 정보들을 참고할 필요가 있다. 왜냐하면 해당 건설사업과 관련하여 사전에 수집되고 분석된 다양한 정보들은 사업의 미래를 예측하고 이에 대비하기 위한 매우 가치 있고 중요한 참조 자료이기 때문이다.

위험관리를 착수하기 전에 참고해야 할 초기 입력 정보들은 사업 배경 정보(project background information), 과거 기록(historical records), 사업 범위(scope statement), 업무분류체계(work breakdown structure), 공정표(network diagram), 견적(estimate), 직원관리계획(staffing management plan), 의사소통관리계획(communication management plan), 조달관리계획(procurement management plan), 이해관계자(stakeholders), 사업 조직의 정책, 절차, 참조 사업(organizational policies, procedures and templates), 사업 제한사항(project constraints), 가정사항(assumptions), 위험허용분야(risk tolerance area) 등이 있다.[8)]

8) Rita Mulcahy, "Risk Management, Tricks of the Trade for Project Managers", RMC Publications Inc., 2003

첫째, 사업 배경 정보는 사업이 승인되기 전 이메일·공문·회의록, 사업의 목표, 사업조직의 위험관리 정책 또는 절차, 계약서, 설계도면 및 시방서, 조직도, 투입 예정 인력의 이력서, 영업 또는 매출 보고서, 유사 사업관련 신문기사들과 같은 정보들로서 사업의 위험을 인지하는데 도움이 된다. 위험관리 프로세스는 여러 단계로 구성되어 있지만, 각 단계에서 소요되는 기간이 길어질 필요는 없다. 시간을 절약하기 위해 사업착수 전에 모든 관련 정보들을 수집하는 것은 매우 중요하다. 그렇지 않을 경우 위험관리 활동에 악영향을 미치는 잘못된 가정과 오류들이 발생할 수 있다.

둘째, 과거 기록은 과거 유사한 건설 사업의 경제적 조건, 조직체계 관련 내용, 사업 기획의 결과, 위험요인 리스트, 위험요인의 확률과 영향, 위험대응전략, 위험관리 효율성 평가결과, 기타 학습내용들을 포함한다. 이러한 정보들은 사업수행중 재작업을 방지하고 동일한 실수가 다른 사업팀들에 의해 반복되지 않도록 도와준다. 또한 그것은 사업의 위험관리 노력이 제대로 되고 있는지 검증해 주고 위험관리를 수행하는 시간을 절약하게 해준다. 또한 과거 기록은 미래의 위험관리를 더욱 쉽게, 완전하고 효과적으로 수행할 수 있도록 도와줄 것이다.

셋째, 사업 범위는 사업에 필요한 업무, 요구사항, 그리고 시방서의 범위라고도 할 수 있다. 따라서 사업 범위는 사업의 복잡성을 설명하고 사업 구성원의 지식과 경험을 비교하는데 도움을 주게 된다. 사업 범위에서 불분명한 요구사항들은 사업의 위험을 크게 증가시킨다.

넷째, 업무분류체계는 사업관리의 핵심도구 중 하나로서, 전체 사업의 기초이고 모든 사업에 필수적이다. 대부분의 사업 구성원들은 위험관리가 사업 최고 수준의 위험을 평가하는 것으로 잘못 이해하고 있다. 오히려 위험관리는 사업의 위험들과 더불어 각각의 업무별 위험을 인지하는데 집중해야 한다. 위험관리에서 WBS는 업무별 위험을 인지하고, 통합된 위험을 인지할 수 있도록 한다.

다섯째, 네트워크 공정표는 주공정선을 도출하고 사업을 정해진 시점에 완료할 수 있는 확률을 판정하여 다음과 같은 위험을 평가할 수 있도록 한다. 네트워크 공정표에서 한 작업으로 많은 경로가 집중된다면 해당 작업을 매우 위험스럽게 하고, 주공정선(critical path)의 업무에 배정된 비경험자는 위험을 증가시키며, 보조 주공정선(sub critical path)이 많은 경우 복수의 주공정선이 발생할 가능성이 높으므로 사업의 위험을 증가시키게 된다.

여섯째, 견적은 사업의 위험을 감소시키고 정확성을 향상시키기 위해 가능하면 실제 업무팀원들에 의해 WBS를 기초로 수행되어야 한다. 대부분의 사업책임자들은 각 업무의

견적이 단 한 번에 판정된다고 잘못 이해하고 있다. 견적의 오류를 줄이는 가장 좋은 방법은 위험관리 프로세스에 따라 위험을 인지하고 제거하는 과정을 통해 수행하는 것이다. 왜냐하면 위험관리 프로세스는 실제로 사업의 공기를 단축시키고 사업비용을 절약할 수 있기 때문이다.

일곱째, 직원관리계획은 언제 어떻게 팀원, 관리자, 그리고 다른 이해관계자들이 사업에 참여하게 되며 어떤 업무를 수행하는지에 대한 공식적인 계획이다. 직원관리계획에서 이해관계자가 참여하는 경우 문제점은 없는지, 이해관계자들의 사업 참여 요구 수준이 어느 정도 높은지, 이해관계자들의 지식과 기술수준은 어떤지에 따라 위험을 인지할 수 있다.

여덟째, 의사소통은 성공적인 위험관리를 위한 핵심 요소이다. 의사소통관리계획은 모든 이해관계자가 어떻게 어떤 형식으로 의사소통할 것인지에 대한 정보를 제공한다. 의사소통관리계획은 위험관리계획에 통합될 필요가 있으며 정상적인 의사소통은 전체 위험관리 프로세스 과정에서 기록되고 보고되어야 한다. 따라서 특정 의사소통 체크포인트(check-point)인 언제 업무분류체계(WBS)가 만들어졌는지, 언제 위험이 정량화되었는지, 언제 위험대응계획이 수립되었는지, 월간보고서, 업무보고서, 회의록 작성 시점 등을 검토할 필요가 있다.

아홉째, 구매관리계획은 사업의 어떤 부분을 계약 또는 구매의향서에 의해 구매할지 그리고 공급자들을 관리하는 계획이 포함되었는지 설명하는 형식적 또는 비형식적 계획이다. 구매계약이 사업의 필요에 기초하여 체결되지 않았다면 위험을 증가시킨다. 따라서 계약이 위험관리 이후 작성되었는지, 공급자와 이전에 거래한 적은 있는지, 공급자의 경험 수준은 어떤지, 사업책임자가 계약서에 서명하기 전에 계약서 작성에 참여하였는지, 계약서의 특수한 항목과 조건이 있는지 등을 검토할 필요가 있다.

열 번째, 이해관계자는 사업에 적극적으로 참여하거나 사업에 영향을 받는 개인 또는 조직들이다. 그들은 사업투자자, 사업책임자, 사업팀원, 소비자를 포함한다. 이해관계자는 사업에 의해 영향을 받기 때문에 위험관리에서 큰 역할을 담당한다. 팀 밖의 이해관계자들은 팀이 할 수 없는 위험요인들을 발견할 수 있다. 그들은 위험관리 각 단계에서 도움을 줄 수 있으며, 특정 위험에 대한 책임을 부담할 수도 있다. 따라서 이해관계자별 역할과 책임을 분명히 정의할 필요가 있다.

열한 번째, 회사는 위험관리를 위해 회사의 정책, 절차, 그리고 참조 사업을 사전에 정의해야 한다. 정책은 위험관리를 위한 절차, 사용되는 형식, 표준적인 역할과 책임을 정의할 수 있도록 한다. 절차와 참조 사업은 각 사업의 특성과 필요에 따라 사업책임자에 의해 적용된다. 참조자료와 절차는 위험을 보고하는 형식, 표준적인 확률과 영향 등급, 위험관리에서 이해관계자들의 참여 절차, 위험대응계획을 승인하는 정책, 의사결정을 위한 위험순위 결정 표준, 위험감사 절차 등을 포함한다.

열두 번째, 사업의 제한사항에 부합한다면 사업은 성공한다. 사업의 제한사항들은 공정, 비용, 업무범위, 품질, 소비자/이해관계자 만족도, 위험허용도 등을 포함한다.

열세 번째, 가정사항은 사업 착수시점에 인지되어야 하는 신념 또는 의견들이다. 사업 가정사항들은 위험을 증가 또는 감소시킬 수도 있고 위험의 영향을 판정하는 데 도움을 준다.

열네 번째, 회사와 주요 이해관계자들이 위험을 수용할 의지가 있는 위험허용분야를 판정하는 것은 매우 중요하다. 위험허용분야는 통상적으로 비용, 공기, 업무범위, 품질, 위험과 소비자 만족과 같은 제한사항으로 표현된다.

Construction project Risk Management

Part

II 위험관리 프로세스

제3장 위험관리계획 수립

제4장 위험인지

제5장 정성적 위험분석

제6장 정량적 위험분석

제7장 위험대응계획

제8장 위험추적 및 통제

제3장 위험관리계획 수립

3.1 위험관리계획 수립 개요

위험관리계획 수립(risk management planning)은 위험관리 프로세스의 첫 번째 단계로서, 위험관리를 위한 계획 및 정책, 위험관리를 통해 이루고자 하는 목적, 위험관리를 수행하는 체계, 위험관리에 적용하는 기법 및 표준을 수립하는 단계이다.

위험관리계획(risk management plan)은 위험관리 프로세스의 전체적인 개념적 틀(framework)을 제공하는 선언적인 단계로서 위험관리 프로세스의 기준을 설정한다. 따라서 위험관리 프로세스를 어떻게 진행할지 결정하고, 누가 포함되어야 하며, 사업관리 기간 중에 위험관리 활동들을 해야 하는 시점, 그리고 얼마나 자주 수행해야 하는지 등을 포함하게 된다. 위험관리계획은 최초로 수립되면 개정 필요성이 대두되지 않는 한 그대로 유지되지만, 일반적으로 6개월 또는 1년 단위로 정기적으로 개정된다.

위험관리계획 수립 단계를 PMBOK(2000, 2004)[1]을 참고하여 입력사항, 도구 및 기법, 결과물로 구분하여 도식적으로 표현하면 그림 3.1과 같다.

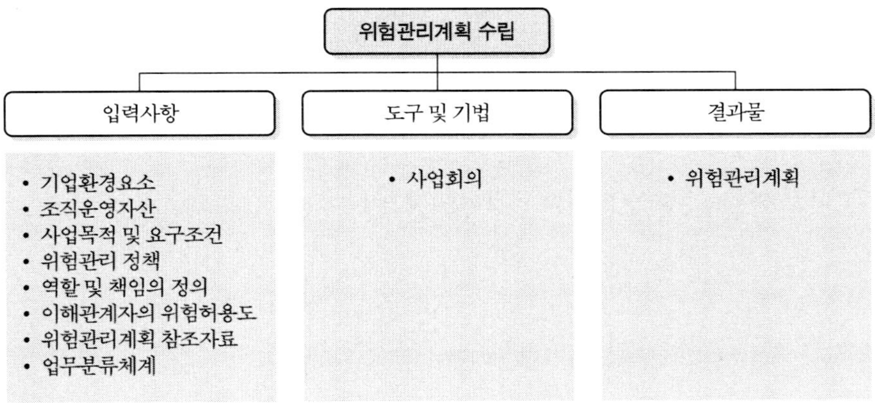

그림 3.1 위험관리계획 수립 단계

1) PMI, A Guide to the Project Management Body of Knowledge (PMBOK Guide) 2000, 2004 Edition

3.2 위험관리계획 수립 입력사항

3.2.1 기업환경요소(enterprise environmental factors)

사업에 참여하는 조직과 구성원의 위험에 대한 태도와 위험허용도는 사업관리에 영향을 준다. 위험에 대한 태도와 위험허용도는 회사의 정책에 명시되어 있다.

3.2.2 조직운영자산(organizational process assets)

조직은 위험목록, 개념과 용어의 공통적인 정의, 표준 참조자료, 역할 및 책임, 의사결정 위임수준과 같은 위험관리를 위한 사전 정의된 접근방법을 보유하고 있다.

3.2.3 사업의 목적 및 요구조건(project objectives and requirements)

위험관리계획을 수립하기 위해 가장 우선적으로 고려해야 할 사항이 사업의 목적 및 사업이 요구하는 조건이다. 사업의 목적에 발주자가 추구하는 건설의 목적이 분명히 명시되어야 하며 이를 통해 사업이 요구하는 조건들이 명확해지기 때문에 사업의 목적 및 사업 요구조건은 위험관리계획의 정의와 목표 수립에 절대적인 영향을 미친다.

3.2.4 위험관리 정책(organization's risk management policies)

위험관리계획을 수립하기 위해 조직의 위험관리 정책(risk management policies)이 무엇인지 판단하는 것은 매우 중요하다. 왜냐하면 위험관리 정책은 위험관리 프로세스에 적용되는 위험관리 기법 및 기술들을 사전에 정의하는 기준이 되기 때문이다. 일부 조직들은 특정 사업의 환경에 따라 조정되는 위험분석 및 대응에 대한 사전 정의된 접근방법을 가지고 있다.

3.2.5 역할 및 책임의 정의(defined roles and responsibilities)

사전 정의된 역할, 책임, 그리고 의사결정의 권한 수준은 계획 수립에 영향을 미친다.

3.2.6 이해 관계자의 위험허용도(stakeholder risk tolerance)

서로 다른 조직과 개인들은 위험요인에 대한 상이한 허용도를 가지고 있다. 이것은 정책 문서에 기술되어 있고 위험에 대응할 때 확인된다.

3.2.7 위험관리계획 참조자료(template for rsk management plan)

일부 조직들은 사업팀이 사용할 수 있는 참조자료를 가지고 있다. 조직은 사업의 적용과 활용성에 기초하여 참조자료를 지속적으로 발전시킬 것이다.

3.2.8 업무분류체계(work breakdown structure, WBS)

사업에 잠재된 위험요인들은 위험분류체계(RBS)를 기준으로 정의되어야 하며, 위험분류체계는 업무분류체계(WBS)와 상호 호환되어야 한다. 업무분류체계는 사업 최종 목표를 달성하기 위하여 사업 전체 업무를 조직화하고 정의하는 업무 위주의 작업 단위 가계도(family tree diagram)로서 사업의 최종 목표와 그 목표를 달성하기 위한 지원노력(support effort) 사이의 교량 역할을 담당하면서 업무를 계획하고 통제하기 위한 개념적 틀(conceptual framework)을 제공한다.

3.3 위험관리계획 수립 도구 및 기법

3.3.1 사업회의(project meetings)

사업팀들은 위험관리계획을 수립하기 위해 회의를 개최한다. 참석자들은 사업책임자, 사업팀 리더(leader), 위험관리 계획과 실행활동들을 관리할 책임이 있는 조직 내의 담당자들, 주요 이해관계자들, 그리고 필요할 경우 기타 관련자들이다. 그들은 위험관리 참조자료와 적절하다고 판단되는 다른 입력사항들을 활용한다.

3.4 위험관리계획 수립 결과물

3.4.1 위험관리계획(risk management plan)

위험관리계획은 위험인지, 정성적·정량적 위험분석, 위험대응, 추적 및 통제가 어떻게 구성되어 있고 사업수행기간동안 어떻게 실행되는지 기술하며, 위험관리계획은 다음 사항들을 포함한다.

(1) 방법론(methodology) : 사업수행과정에서 위험을 인지, 분석, 대응, 추적 및 통제하는 접근방법, 도구, 자료 등을 정의한다.

(2) 역할과 책임(roles and responsibilities) : 위험관리의 활동을 책임지고, 지원하는 것을 정의하며, 위험관리팀이 아닌 사람들까지 포함한다.

(3) 예산(budget) : 사업의 위험관리를 위한 예산을 수립한다.

(4) 시점(timing) : 위험관리 프로세스가 사업수행기간동안 얼마나 자주 실행되는지 정의한다.

(5) 위험목록(risk categories) : 동등한 상세수준에서 위험을 체계적으로 인지하기 위한 포괄적인 과정을 보장하고, 위험인지의 효율과 품질에 기여할 수 있는 구조를 제공한다. 위험분류체계는 그러한 구조를 제공하는 하나의 접근방법이다. 그러나 그것은 사업의 여러 측면을 단순히 나열한 것에 불과하다. 위험목록들은 위험인지과정에서 다시 검토하는 것이 좋다. 과거 사업에 기초한 위험목록들은 현재 사업의 새로운 환경에 맞추어 조정될 필요가 있다.

(6) 위험 발생확률과 영향 정의(definitions of risk probability and impact) : 정성적 위험분석의 품질과 신뢰성은 위험의 발생확률과 영향의 다양한 수준별 정의를 요구한다. 확률과 영향 수준의 일반적인 정의는 정성적 위험분석과정에 사용하기 위하여 위험관리계획 수립과정에서 개별 사업을 위해 조정되어야 한다.

(7) 확률과 영향 매트릭스(probability and impact matrix) : 위험요인은 사업목표를 성취하기 위한 잠재적 영향에 따라 우선순위화된다. 위험을 우선순위화하는 전형적인 접근방법은 참조표(look-up table) 또는 확률 및 영향 매트릭스를 사용하는 것이다. 확률 및 영향 매트릭스는 제5장 정성적 위험분석단계에서 상세히 기술한다.

(8) 산정과 해석(scoring and interpretation) : 정성적, 정량적 위험분석이 실행되는 형태와 시점에 적합한 위험도 산정 및 해석 방법을 정의한다. 위험도 산정 방법은 일관성을 위해 사전에 정의되어야 한다. 일관성은 위험도가 비교될 수 있고 다른 사업과 비교하여 위험순위(risk ranking)를 결정할 수 있도록 보장한다.

(9) 위험허용도(thresholds) : 누구에 의해 어떤 방식으로 대응해야 할 것인지 위험에 대한 허용기준을 정의한다. 발주자, 소비자, 투자자들은 각기 다른 위험허용도를 가지고 있다. 허용 가능한 위험허용도는 사업팀이 위험대응계획 실행의 효율성을 목표와 대비하여 측정할 수 있도록 한다.

(10) 보고서 양식(reporting formats) : 위험대응계획의 내용과 형식을 정의한다.

(11) 추적(tracking) : 위험활동의 모든 측면들이 현재의 이득, 미래의 필요, 학습경험들을 위하여 문서화된다.

3.5 위험관리계획 수립 중점관리 사항

3.5.1 위험관리 책임표 작성

위험관리의 모든 이해관계자들의 책임에 관한 표를 개발 및 작성해야 하며, 일반적인 위험관리 책임표(responsibility chart)는 다음과 같이 표현할 수 있다(그림 3.2 참조).

	경영관리자 (Management)	사업책임자 (Project Manager)	사업이해관리자 (Stakeholders)	사업팀 (Project Team)	위험소유자 (Risk Owner)
위험관리계획 (Risk Management Planning)		×			
위험인지 (Risk Identification)	×	×		×	
정성적 위험분석 (Qualitative Risk Analysis)	×	×	×	×	
정량적 위험분석 (Quantitative Risk Analysis)		×	×	×	
위험대응계획 (Risk Response Planning)		×	×	×	×
위험추적 및 통제 (Risk Monitoring & Control)		×		×	×

그림 3.2 위험관리 책임표[2)]

3.5.2 위험관리계획 수립시 고려사항

사업관리자들이 위험관리계획을 수립할 때 실무적으로 고려해야 할 사항들을 Rita Mulcahy(2003)의 저서[3)]를 인용하면 다음과 같다.

첫째, 위험관리계획을 수립하기 위하여 소프트웨어를 고려할 필요는 없다. 위험관리는 소프트웨어로 계산하는 것이 아니라 사람과 관련된 과정이다. 위험관리를 위한 최고의 자산은 사람에 의한 생각과 정보이다. 소프트웨어는 위험관리를 위해 활용될 수 있지만 매우 제한적인 기능만을 수행한다.

2) Rita Mulcahy, "Risk Management, Tricks of the Trade of Porject Managers", RMC Publications, Inc., 2003

3) Rita Mulcahy, "Risk Management, Tricks of the Trade of Porject Managers", RMC Publications, Inc., 2003

둘째, 사업실패의 상위 10대 요인 중 하나는 사업관리 프로세스가 각 사업의 필요에 맞추어 조정되지 않았기 때문이다. 다시 말해 모든 사업에 동일한 형식, 모임횟수, 관리 형태를 사용했다는 것이다. 모든 사업들은 특성이 다르므로 각각 다르게 관리될 필요가 있다. 만약 사업이 회사의 최고 우선순위를 갖고 있다면 위험관리에 투입하는 노력은 낮은 우선순위를 갖는 사업보다 더욱 많이 투입되어야 한다. 만약 이전에 수행한 경험이 없는 사업이라면, 사업에 투입되는 시간은 여러 번 경험했던 사업보다 더욱 많이 소요될 것이다. 또한 위험관리계획은 회사의 위험관리정책과 일치되어야 한다. 회사의 정책이 위험관리 지침을 제공할수록 시간은 절약되고 회의횟수는 감소하게 된다. 따라서 위험관리계획을 수립할 때 회사의 정책을 적극 활용해야 한다.

3.5.3 위험관리계획 수립과정

위험관리계획을 수립하는 과정은 다음과 같다.

(1) 활용 가능한 위험관리 절차, 과거 기록, 그리고 경험자료들을 검토한다.
(2) 사업의 위험을 인지하기 위한 방법을 결정한다.
(3) 위험관리를 수행할 담당자들과 그들의 역할 및 책임을 결정한다.
(4) 위험관리에 투자되는 비용을 결정한다.
(5) 사업수행기간동안 위험관리가 수행되어야 할 시점을 결정한다.
(6) 위험을 정성적·정량적으로 계량화하는 방법을 결정한다.
(7) 위험허용도와 위험에 대응하는 방법을 결정한다.
(8) 위험을 문서화 및 분석하고, 사업관리팀, 이해관계자, 투자자들과 의사전달하는 방법 및 절차를 정의한다.
(9) 후속 사업을 위해 위험을 추적하고 기록하는 방법을 결정한다.

3.6 위험관리계획 실제 사례

3.6.1 Rita Mulcahy가 제안하는 위험관리계획[4]

- 배경(background): 회사는 위험관리기준을 가지고 있지 않으며, 위험관리계획의 구성은 그림 3.3과 같다.
- 규모(size): 소규모사업(0~약 2억 5천만 원, 3개월 이하의 사업). 5명의 팀원과 10명의 이해관계자들로 구성되었다.
- 복잡성(complexity) : 낮은 복잡성을 가지고 있다.
- 경험(experience) : 예전에 수행했던 사업과 유사하기 때문에 많은 경험이 있다.
- 기술수준(skill level) : 팀은 위험관리와 사업관리에 익숙하지 않다.
- 이 단계에서 파악된 사업위험의 수준(the perceived level of project risk at this stage of the project) : 이 단계에서 사업관리계획을 완성한 후에 이 사업은 보통으로 인지된 위험을 가지고 있다.
- 조직에서 사업의 중요성(the importance of the project to the organization): 보통의 중요성을 가진다.
- 결정(decision) : 다음에 따르는 세부적인 행동을 수행하기 위해 보통의 시간을 소비한다.
- 추적(tracking) : 미래의 사업을 위해 사업위험의 현재 상태를 추적하고 문서화한다.

4) Rita Mulcahy, "Risk Management, Tricks of the Trade of Porject Managers", RMC Publications, Inc., 2003

업무 (What)	방법 (Method)	책임 (Responsibility)	공기 (Time Budget)
위험인지(Risk identification)			
	이메일 : 사업책임자(Project Manager)는 이메일로 3명의 이해관계자들에게 사업의 위험들에 대해 질문한다.	사업팀원 Danny는 이메일을 작성하고 정확한 답변을 받아야 한다.	0.5 시간
	개인생각/브레인스토밍 /Affinity Diagram : 이해관계자들 중 나머지는 4명씩 두 그룹으로 구분한다. 그들은 사업과 관련된 정보들을 회의를 통해 얻고, 그들이 예측하는 기회와 위험요인들에 대해 서면으로 제출하게 되는데, 각자 최소한 5개의 위험 또는 기회요인을 제출해야 한다. 제출이 완료된 즉시 각 그룹은 더 많은 위험요인들을 찾아내기 위해 Affinity Diagram을 작성하고 브레인스토밍을 실시한다.	사업팀원 Kerry는 이 과정에 대해 사업책임자를 지원하고, Samantha는 기타 업무와 관련해서 사업책임자를 지원한다.	3 시간
	전문가인터뷰(Expert interview) : 사업에 대해 경영진이 제기하는 질문들과 불확실성들이 있다면, 사업책임자는 경영진들에게 전문가인터뷰를 실시한다.	사업팀은 질문항목을 작성하고, 사업팀원 Nicole은 전문가인터뷰과정을 기록함으로써 사업책임자를 지원한다.	0.5 시간
	개인생각/브레인스토밍 /Affinity Diagram : 위험과 기회요인이 다른 수단에 의해 인지되는 즉시, 사업팀은 인지된 기회와 위험요인들을 질의하고, 브레인스토밍을 실시한다. 더 이상의 새로운 아이디어가 없는 경우 모든 다른 원천으로부터의 위험과 기회요인들은 추가적 브레인스토밍을 위해 사업팀에 제공되고 최종적으로 Affinity Diagram을 통해 더 이상의 위험이 있는지 확인한다.	사업책임자	2 시간

그림 3.3 Rita Mulcahy의 위험관리계획

업무 (What)	방법 (Method)	책임 (Responsibility)	공기 (Time Budget)
정성적 위험분석(Qualitative Risk Analysis)			
자료정확성 (Data Precision)	사업팀은 평가한 모든 위험과 기회요인들에 대해 충분히 이해하고 있어야 한다.	사업팀	2 시간
등급화/해석 (Scoring/ interpretation)	1에서 10등급이 확률과 영향평가에 사용된다. 확률등급 해석 : 1 ~ 2 : 매우 낮음 3 ~ 4 : 낮음 5 ~ 6 : 중간 7 ~ 8 : 높음 9 ~ 10 : 매우 높음 영향등급 해석 : 1 ~ 2 : 작은 영향 3 ~ 4 : 지연 가능 그러나 사업을 지연시키지 않음 5 ~ 6 : 3일 이하 지연 7 ~ 8 : 8일 이하 지연 9 ~ 10 : 상당한 지연	사업팀	0.5 시간
위험허용도 (Threshold)	8 이상 확률로 평가된 요인들은 사실(fact)로서 고려되고 위험관리계획이 아니라 사업계획에 반영한다. 6 이상 영향등급으로 평가된 위험과 기회요인들은 위험관리 프로세스를 적용한다. 6 이하로 평가된 위험과 기회요인들은 비핵심(non-critical) 위험요인 목록에 추가된다.	사업책임자	0.5 시간
위험도 (Risk Score)	사업의 위험도는 편집되지만, 우리 회사는 비교할 만한 다른 사업의 위험도에 관한 과거기록을 가지고 있지 않다. 따라서 이 사업은 과거 기록을 개발하는데 사용될 것이다. 이 사업은 전체적으로 50.0 이하 위험도를 가져야 한다.	사업책임자	0.2 시간
경영진과 사업추진/비추진 회의 (Go/No-Go Meeting with Management)	경영진에게 사업위험도에 대한 정보를 제공하고 사업과 사업계획을 계속 추진할지 여부를 판단한다.	사업책임자	0.5 시간

그림 3.3 Rita Mulcahy의 위험관리계획(계속)

업무 (What)	방법 (Method)	책임 (Responsibility)	공기 (Time Budget)
정량적 위험분석(Quantitative Risk Analysis)			
이 사업은 비용의 융통성으로 인해 위험요인을 정량화하는 시간과 노력이 요구되지 않는 것으로 판단한다.			
위험대응계획(Risk Response Planing)			
위험대응 (Risk Responses)	상위 위험요인(top risks)들에 대한 대응은 사업의 전체 위험을 감소시키기 위해 결정된다. 2차 위험요인(secondary risks)들은 조사하고 제거한다.	사업팀 다른 이해관계자 경영진(필요시)	2 시간
보고양식 (Reporting Formats)	위험대응계획과 예비비가 수립된다. 위험대응계획은 승인을 위해 경영진에 보고되고, 이후 위험추적 및 통제를 위해 활용된다.	사업책임자	0.5 시간
경영진과 사업추진/비추진 회의 (Go/No-Go Meeting with Management)	경영진과의 회의는 사업에 남아 있는 위험의 전체 영향을 검토하고, 이제까지 사업의 위험, 비용 및 공기를 감소시키기 위한 노력의 가치를 확인하기 위해 개최한다. 사업의 추진 및 비추진 여부를 결정한다.	경영진 사업책임자	0.5 시간
위험추적 및 통제(Risk Monitoring and Control)			
위험검토 (Risk Reviews)	위험검토는 상위 위험들과 그들에 대한 대응, 위험활동 효과의 측정, 그리고 위험대응계획의 갱신을 검토하기 위해 한 달에 한 번 실시한다. 사업목표를 달성하기 위한 위험검토의 결과들은 사업을 변화시킨다.	사업책임자 사업팀 다른 이해관계자(필요시)	3 시간
추적(Tracking)	사업책임자는 위험노력을 관찰하고 위험대응 감사를 수행한다. 위험대응계획은 향후 사업의 이익을 위해 지속적으로 갱신된다.	사업책임자	3 시간
보고형식 (Reporting Formats)	업무보고형식은 위험을 보고하는 것을 포함한다. 위험소유자는 위험유발요인(risk triggers)이 발생했을 때 사업책임자에게 이메일을 보내야 하고 이전에 합의된 대로 대응을 착수한다. 위험요인은 월간사업진도보고에 포함되고 이해관계자에게 보내진다. 갱신된 위험대응계획에 가장 최근의 상위 위험요인들과 대응이 첨부된다.	사업팀원 위험소유자 (Risk Owners) 사업책임자	3 시간

그림 3.3 Rita Mulcahy의 위험관리계획(계속)

3.6.2 국내 건설회사 위험관리계획서

국내 A 건설회사는 본사 팀과 현장조직의 효율적이며 체계적인 위험관리를 위해 위험관리계획서를 개발하였다. 위험관리계획서는 위험관리계획의 작성배경 및 정의, 위험관리 정의 및 목표를 포함하는 일반사항, 위험관리조직 및 수행체계를 포함하는 위험관리 수행체계 및 역할, A 건설회사의 위험요인, 위험관리단계별 적용기법, 위험관리 보고서, 위험관리 평가로 구성되어 있으며, 위험관리계획서의 전체 목차는 그림 3.4와 같다.

목 차	
1. 일반사항 1.1 위험관리계획 작성배경 및 정의 1.2 위험관리 정의 및 목표 1.2.1 위험관리의 정의 1.2.2 위험관리의 목표 1.3 위험관리계획의 적용 범위 1.4 위험관리계획 승인 및 적용 기간 2. 위험관리 수행체계 및 역할 2.1 일반사항 2.2 위험관리 수행체계 2.3 위험관리자 2.3.1 위험관리자 역할 2.3.2 위험관리자 자격요건 2.4 위험관리 담당자 2.4.1 위험관리담당자 역할 2.4.2 위험관리담당자 자격조건 2.5 위험평가위원회 2.5.1 위험평가위원회 역할 2.5.2 위험평가위원회 구성 및 운영 2.6 위험평가그룹 2.6.1 위험평가그룹 역할 2.6.2 위험평가그룹 구성 및 운영	4. 위험관리단계별 적용기법 4.1 위험관리단계 정의 4.2 위험인지단계 4.2.1 위험의 유형 4.2.2 위험인지 방법 4.2.3 위험인지 실무절차 및 책임 4.3 위험분석단계 4.3.1 정성적 방법론 4.3.2 정량적 방법론 4.3.3 위험분석 실무절차 및 책임 4.4 위험대응단계 4.4.1 위험대응전략 4.4.2 위험허용도 4.4.3 위험대응 프로세스 4.4.4 위험대응 실무절차 및 책임 4.4.5 위험대응전략 실행결과 확인 5. 위험관리 보고서 5.1 일반사항 5.2 위험관리 워크시트 5.3 위험관리 결과보고서 6. 위험관리 평가 6.1 일반사항 6.2 위험관리 평가절차 및 책임
3. 위험요인 3.1 회사공통 위험요인 3.1.1 영업/수주 위험요인 3.1.2 견적/예산 위험요인 3.1.3 자산관리 위험요인 3.1.4 법/불가항력 위험요인 3.1.5 대외환경 위험요인 3.2 사업단위 위험요인 3.2.1 개설/착공 위험요인 3.2.2 손익관리 위험요인 3.2.3 기술관리 위험요인 3.2.4 시공관리 위험요인 3.2.5 대외관리 위험요인 3.2.6 준공/인수인계 위험요인	붙임 1. 위험분류체계 붙임 2. 위험요인 체크리스트

그림 3.4 국내 건설회사의 위험관리계획서 목차

제4장 위험인지

4.1 위험인지 개요

위험인지(risk identification)는 사업에 영향을 줄 가능성이 있는 모든 위험요소들을 체계적으로 인지 및 분류하는 위험관리 프로세스의 실질적인 첫 단계로서, 사업에 잠재된 위험요인들을 완전하고 완벽하게 인지하는 것을 목적으로 한다.

위험인지에 참여하는 관련자들은 일반적으로 사업팀, 위험관리팀, 회사의 다른 분야 전문가, 소비자, 타 사업의 책임자, 이해관계자, 그리고 외부전문가들이다. 위험관리는 반복과정이다. 첫 번째 반복과정은 사업팀 또는 위험관리팀의 일부에 의해 수행된다. 전체 사업팀과 주요 이해관계자들은 두 번째 반복과정을 수행한다. 편향되지 않은 분석을 위하여 사업에 참여하지 않는 관련자들은 마지막 반복과정을 수행한다. 위험인지단계에서 단순하며 효율적인 위험대응계획이 수립될 수 있고 위험을 인지함과 동시에 실행될 수도 있다.[1)]

위험인지단계는 전체 위험관리 프로세스의 성패를 결정짓는 가장 중요한 단계로서 가장 많은 시간과 노력이 필요한 단계이다. 위험인지 단계를 통해 완전한 위험요인목록(risk list)을 만들어야 하며, 다음과 같은 업무를 수행하게 된다.

- 잠재적 위험요인을 인지하는 최선의 방법 선택
- 발생 가능한 위험 유발원인(risk trigger) 검토
- 사업에 영향을 미치는 모든 잠재적 위험요인 인지
- 각 위험요인들의 위험유형 분류

1) PMI, A Guide to the Project Management Body of Knowledge (PMBOK Guide) 2000 Edition

위험인지단계를 PMBOK(2004)을 참고하여 입력사항, 도구 및 기법, 결과물로 구분하여 도식적으로 표현하면 그림 4.1과 같다.

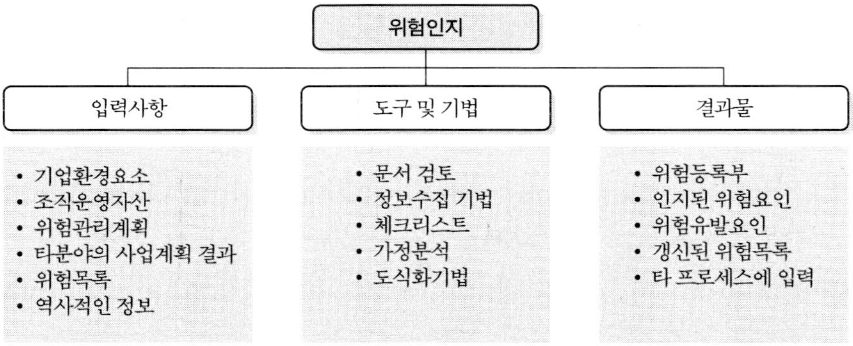

그림 4.1 위험인지단계

4.2 위험인지 입력사항

4.2.1 기업환경요소(enterprise environmental factors)

상업용 데이터베이스, 학술연구자료, 벤치마킹(benchmarking), 또는 타 사업의 연구결과를 포함하는 공개된 정보는 위험을 인지하는데 매우 유용하다.

4.2.2 조직운영자산(organizational process assets)

이전 사업들의 정보는 실적자료와 학습경험과 같은 과거 사업파일들로부터 확보할 수 있다.

4.2.3 위험관리계획(risk management plan)

위험관리계획은 위험관리계획 수립단계의 결과이며, 이 책의 3.4.1절에서 기술하였다.

4.2.4 타 분야의 사업계획 결과(project planning outputs)

위험인지를 위해 사업목적, 사업범위, 그리고 발주자, 투자자 또는 이해관계자들의 목적을 이해할 필요가 있다. 타 사업관리 분야의 사업계획 결과는 사업 전체에 잠재된 위험을 인지하기 위하여 검토되어야 하며, 타 분야의 사업계획 결과는 다음과 같다.

- 사업목표 및 설명서
- 업무분류체계
- 공정표 및 사업비 견적
- 자원계획
- 조달계획
- 가정 및 제한사항 목록

4.2.5 위험목록(risk categories)

사업에 유리하게 또는 불리하게 영향을 미치는 위험요인은 위험목록(risk categories)으로 분류하고 체계화시킨다. 위험목록은 분명하게 정의되고 적용분야 위험의 공통 원인을 반영하여야 하며 다음 사항들을 포함한다.

- 기술적, 품질 또는 실행 위험 : 증명되지 않았거나 복잡한 기술에 대한 의존, 실현 불가능한 실행 목표, 적용 기술 또는 산업 표준의 변화 등
- 사업관리 위험 : 시간과 자원의 적절하지 못한 배분, 사업계획의 부적합, 사업관리 규정의 부적절한 적용
- 조직관련 위험 : 내부적으로 불일치하는 사업비, 공정, 범위 목적, 사업 우선순위 결정 미흡, 자금조달의 부정확 또는 중단, 조직내 다른 사업들과 자원 갈등
- 외부 위험 : 법적 또는 규정 변경, 노무문제, 발주자 우선순위 변경, 지역 위험, 기후, 위험관리보다 손실회복에 중점을 두는 지진 및 홍수 등의 자연재해

4.2.6 역사적인 정보(historical information)

이전 사업의 역사적인 정보는 다음과 같은 자료들로부터 확보할 수 있다.

- 사업 파일 : 사업에 참여하는 조직들은 위험인지를 위해 활용 가능한 이전 사업의 기록들인 최종 사업보고서 또는 위험대응계획을 보유하고 있다. 이러한 기록들은 사업에 잠재된 문제점을 설명하고 그에 대한 해결방안을 제시한다.
- 출판된 정보 : 상업용 데이터베이스, 학술 연구, 벤치마킹(bench-marking), 다른 출판된 연구결과물

4.3 위험인지 도구 및 기법

위험관리과정은 사업 내·외부에 잠재하는 다양한 위험요인들을 인지하고 분류하는 방법론의 결정에서부터 시작되므로 모든 잠재위험들을 실시간으로 인지하는 가장 효율적인 방법론을 수립할 필요가 있다. 위험을 인지하는 방법론은 크게 위험의 발생원인을 관찰하는 방법과 발생원인으로 파생되는 위험요인을 목록화하는 방법으로 구분할 수 있다.

위험의 발생원인을 관찰하는 방법은 사업 내부로부터 위험의 발생원인을 관찰하는 방법과 외부로부터 관찰하는 방법으로 구분할 수 있다. 사업 내부로부터 위험의 발생원인을 관찰하는 방법은 사업 내부의 자료, 개인의 경험, 감사나 조사, 진행 중 사안에 대한 관찰, 특정사안에 대한 시나리오를 작성하여 사업에 잠재된 위험의 발생원인을 관찰하는 접근방법이다. 반면에 사업 외부로부터 위험의 발생원인을 관찰하는 방법은 사업 외부의 전문가 또는 신문 및 기타 정보지, 연구논문 등으로부터 사업에 영향을 미칠 수 있는 위험의 발생원인을 관찰하는 접근방법이다. 상기의 위험발생원인 관찰 접근방법을 요약하면 다음과 같다.

- 사업 내부 위험발생원인 관찰방법
  - 과거 실적이나 자료로부터 위험발생원인 관찰
  - 개인적 경험에 기초한 위험발생원인 관찰
  - 감사(audit)나 조사(inspection)를 통한 위험발생원인 관찰
  - 진행 중 사안에 대한 직접적인 관찰을 통한 위험발생원인 파악
  - 특정사안에 대한 시나리오 작성을 통한 위험발생원인 관찰
- 사업 외부로부터 위험발생원인 관찰방법
  - 외부 전문가, 변호사, 회계사 등으로부터 위험발생원인 관찰
  - 신문, 경제 및 산업동향정보지, 연구논문 등을 통한 위험발생원인 관찰

4.3.1 문서 검토(document reviews)

사업계획과 가정사항들, 전체사업과 상세업무 수준, 이전 사업자료, 그리고 기타 정보들에 대한 구조적인 검토를 수행한다.

4.3.2 정보수집 기법(information-gathering techniques)

위험인지단계에 활용되는 정보수집 기법들은 브레인스토밍(brainstorming), 델파이

(delphi), 인터뷰(interviewing), NGT(nominal group technique), 그리고 SWOT (Strengths, Weaknesses, Opportunities, and Threats) 분석 등이 있다.

(1) 브레인스토밍(brainstorming)

브레인스토밍은 가장 많이 사용되는 위험인지 기법 중 하나이다. 브레인스토밍의 목적은 정성적 또는 정량적 위험분석 과정에 사용될 수 있는 포괄적인 위험요인들을 도출하는 것이다.

브레인스토밍 방법은 사업에 참여하는 구성원들간 위험요인에 대한 서로의 의견을 충분히 경청하게 한 후, 자발적이며 적극적으로 추가적인 위험요인들을 인지하도록 동기를 유발시키는 방법론이다. 이 방법은 사업 위험인지 체크리스트를 개발 및 개정하는 보조수단으로도 활용할 수 있다. 브레인스토밍 방법을 적용하는 시점 및 상황은 다음과 같다.

- 사업 위험인지 체크리스트 개발 및 정기적인 개정작업시 자료가 불충분하고 전문가가 부족할 경우
- 사업이 진행되는 과정에서 시급을 요하는 위험인지 프로세스가 필요할 경우

이 방법은 사업에 직접 참여하는 구성원들의 위험인지에 대한 경험과 브레인스토밍 과정의 합리적 운영이 위험인지 품질에 큰 영향을 끼치므로 브레인스토밍에 참여하는 구성원은 다음과 같은 최소 자격조건을 갖추어야 한다.

- 해당사업과 관련한 동일 또는 유사사업 실무경험이 최소 5년 이상일 것
- 타인의 의견을 경청할 수 있는 태도를 갖출 것
- 자기의견을 논리적이며 적극적으로 제시할 수 있는 능력을 갖출 것

(2) 델파이 기법(delphi technique)

델파이 기법은 사업위험에 대해 전문가들이 합의에 이르는 과정이다. 사업위험 전문가들이 익명으로 참여하며, 중재자(facilitator)는 중요한 사업위험에 대한 생각들을 요청하기 위해 질의서를 사용한다. 전문가가 작성한 응답서가 제출되고 추가사항을 위해 전문가들에게 회람된다. 몇 차례의 반복되는 회람과정을 통해 주요 사업위험에 대한 합의에 도달한다. 델파이 기법은 자료에 대한 편견을 감소시키고, 특정 인물이 결과에 지나친 영향을 미치지 않도록 한다.

델파이 기법은 활용하는 자원에 대비할 때 투자비용과 시간관점에서 비용이 많이 들

며, 이 기법은 전문가로 판단되는 사람들의 의견에 크게 의존한다. 만약 선택된 전문가 그룹이 사업의 내부팀을 충분하게 대표하지 못한다면, 그 결과는 편향될 수 있고 쓸모없을 수도 있다. 충분히 가치 있는 결과를 도출하기 위하여 팀은 사업과 관계된 모든 분야 전문가들의 의견을 확보해야만 한다.[2] 그러나 모든 전문가들이 사업의 위험을 논의하기 위해 함께 모이는 적당한 시간을 찾는 것은 매우 어렵다. 따라서 최근에는 웹메일(webmail)을 통해 다양한 분야의 많은 전문가들이 의견을 자유롭게 개진할 수 있도록 하는 방법을 많이 사용하고 있다.

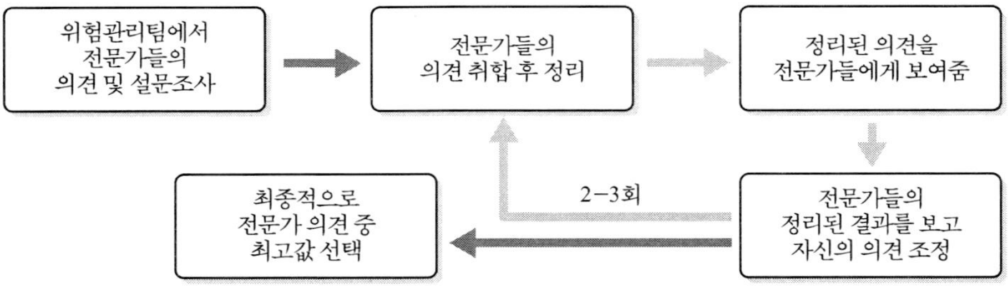

그림 4.2 델파이 기법

그림 4.2의 델파이 기법 과정을 설명하면 다음과 같다.

- 사업팀은 사업위험을 인지할 전문가 그룹을 선정한다.
- 사업팀은 선정된 전문가 그룹에 사업을 설명하고 위험요인들에 대해 1차 의견을 수집한다.
- 사업팀은 1차 수집된 의견을 정리하고, 정리된 의견을 전문가 그룹에 회람시키며 2차 의견을 수집한다.
- 사업팀은 2차 수집된 의견을 정리하고, 필요할 경우 전문가 그룹으로부터 2차 의견을 회람시킨 후 3차 의견을 수집한다.
- 사업팀은 2차 또는 3차에 걸쳐 수집된 의견을 사업의 위험요인으로 최종 정리한다.

델파이 기법은 전문가의 합의된 의견을 도출할 수 있고, 웹메일을 통해 의견을 수집할 수 있으며, 사업위험에 집중할 수 있는 장점이 있으나 전문가의 답변을 얻기 위해 많은 시간이 필요하며, 전문가 의견을 정확히 해석할 수 있는 능력이 요구되는 단점이 있다.

2) N. J. Smith, "Managing Risk in Construction Projects", Blackwell Science, 1998

(3) 전문가 인터뷰(expert interviews)

전문가 인터뷰 방법은 특정 건설공사에 대한 경험자료가 없거나 부족할 경우, 유사 공사에 대한 경험과 지식이 풍부한 조직 내·외부 전문가들에게 인터뷰를 실시하여 위험요인을 인지하는 방법론이다.

이 방법은 특정 사업분야의 경험 및 지식이 풍부한 전문가 시각에서 위험요인을 인지하게 되므로 브레인스토밍 방법보다 정밀도가 높으며 실질적인 위험요인을 인지할 수 있는 장점이 있는 반면, 위험을 인지하는 과정이 전문가의 주관적 시각에만 의존하게 되는 단점이 있다. 이러한 단점을 보완하기 위하여 전문가 인터뷰시 델파이기법을 사용하여 전문가 의견을 객관화시킬 필요가 있다. 델파이법은 전문가 다수에게 인터뷰하여 그 결과를 취합하고 통계를 낸 후 전문가들에게 통계결과를 2-3차례 반복적으로 보여줌으로써 전문가들이 자신의 의견을 조정하여 전체적으로 오차를 줄여나가는 방법이다.

전문가 인터뷰 방법은 델파이 기법 적용을 전제로 하기 때문에 브레인스토밍 방법에 비해 소요되는 시간과 노력이 과다하게 소요된다. 따라서 전문가 인터뷰 방법을 적용하는 다음과 같은 상황이나 조건이 필요하다.

- 위험요인 체크리스트에 등록되는 않은 특수한 조건과 환경의 사업으로서 해당 분야 전문가가 풍부할 경우
- 위험요인을 인지하는 과정에 소요되는 시간과 노력의 과다로 인한 지장이 초래되지 않는 경우
- 브레인스토밍 방법에 의한 위험인지가 불충분하거나 불완전하다고 판단될 경우

(4) NGT(nominal group technique)

NGT기법은 개인의견보다 그룹사고(group thinking)를 얻고자 할 때 유용한 기법이다. 그룹은 회사의 부서(department)가 될 수 있고 또는 중요하지 않은 이해관계자들로 구성될 수도 있다. NGT의 결과는 사업의 특정 위험요인에 대해 전체 그룹 의견에 대한 그룹의 매입(purchase)이다. 그림 4.3의 NGT 과정을 설명하면 다음과 같다.

- 사업팀은 사업에 잠재하는 위험요인을 나열한다(브레인스토밍, 전문가인터뷰 방법 사용).
- 사업팀은 나열된 위험요인을 두 항목씩 쌍방 비교하며, 두 항목간 우선순위를 투표로 결정한다.

- 나열된 모든 위험요인들에 대한 쌍방 비교와 투표를 통해 우선순위를 모두 결정한 뒤, 관리대상이 되는 위험요인들을 선택하고, 관리대상이 아닌 위험요인들은 관찰대상에 기록한다.

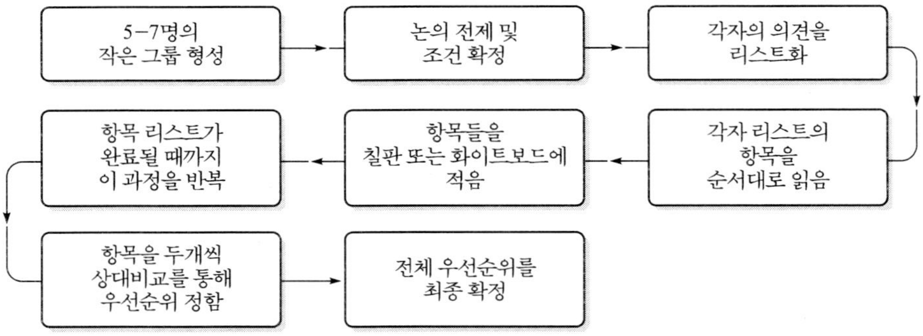

그림 4.3 NGT 과정

NGT기법은 그룹사고를 촉진시키며, 나열된 위험요인들에 대해 우선순위를 결정하고, 사업외부에 있는 사람들을 포함시킬 수 있으며, 가장 우선순위가 높은 위험요인들에 대해 검토하는 기회를 제공하는 장점이 있으나, NGT에 참여하는 그룹멤버들의 질에 따라 결과의 질이 좌우되는 단점을 가지고 있다.

(5) SWOT 분석

사업위험은 회사가 지향하는 잠재적 시장과 소비자, 서비스 또는 제품과 관련된 광범위한 경영 전략적인 기획과 사고과정에서 도출될 수 있다. 위험관리계획은 회사가 시장에 진출하기 위한 장벽과 도전을 인지하는 경영기능이다. 광범위한 경영기획의 결과는 경영위험을 사업위험으로 좁혀갈 수 있는 개별적 위험평가를 위한 수단을 제공한다. 이러한 변환과정은 – 정상적인 문서화 과정이 아닌 회사와 시장의 미래에 대해 사고하는 – 경영이 기획과정을 실제로 가지고 있는 경우에만 가능하다.[3] SWOT분석은 사업을 평가할 때 고려하는 위험요인들의 폭을 넓힐 수 있도록 한다.

- 강점(strengths) : 회사는 자체의 경쟁력 및 핵심 능력을 찾고 회사의 현재 실행상의 장점 또는 차별성을 식별한다. 이러한 강점은 제품의 조기증진 및 개발과정에 잠재된 위험과 불확실성에 대해 사업관리자에게 중요한 신호를 제공한다.

3) Bruce T. Barkley, "Project Risk Management", McGraw-Hill, 2004

- 약점(weaknesses) : 회사는 과거 경험에서 다가오는 위험과 불확실성에 대한 능력 부족의 관점에서 약점을 찾고, 그것이 발견될 경우 내부적 증진방안을 식별한다.
- 기회(opportunities) : 기회는 위험의 정반대이다. 다른 측면에서 기회가 없다면 위험도 없다. 회사가 사업을 수행하는 이유는 회사의 제품과 서비스에 대한 요구를 발생시키고, 경쟁 때문에 실패할 수 있는 가능성에 맞서기 위해 시장 속으로 뛰어드는 것이다. 그러므로 사업은 위험스럽지만 극복하면 기회가 되는 것이다.
- 위협(threats) : 위협은 간단히 말해 위험이다. 다른 말로 경쟁, 기술적 도전, 경제위기, 그리고 재정적 어려움 같은 위협은 경영이 맞서야 하고 또한 개별적 사업이 맞서야 하는 위험요인들을 발생시킨다.

4.3.3 체크리스트(checklist)

체크리스트 방법은 과거에 경험했던 위험의 대상, 유형 등을 수집하고 체계적으로 분류 및 정리하여, 이를 기반으로 신규 사업 또는 유사 사업에 잠재하고 있는 위험요인을 인지하는 방법론으로 위험인지방법론 중 가장 보편적이며 실용적인 방법론으로 인정되고 있다.

체크리스트는 사용자가 공통위험을 리스트하고 특정사업과 관련한 위험요인들을 추가하는 방식으로 만들어 진다. 위험의 인지는 사업경험과 예지력에 크게 의존하므로 체크리스트를 효율적으로 작성하기 위하여 사업에 관련된 가능한 많은 사람들에 의해 모든 관련 위험요인들을 인지하는 집중적인 노력이 요구된다. 그리고 이러한 과정은 좀 더 많은 위험요인을 인지하려는 것보다 인지된 위험요인으로부터 더 많은 우려를 양산하는 특성이 있으므로 위험관리자는 이를 약화시키도록 지속적인 노력과 역할을 해야 한다.

4.3.4 가정 분석(assumption analysis)

모든 사업은 가설(hypotheses), 각본(scenarios) 또는 가정(assumptions)사항들에 기초하여 상정 및 개발된다. 가정 분석(assumption analysis)은 가정의 정당성을 탐색하는 기법이다. 이 기법은 부정확하고, 일관성이 없고, 또한 가정이 불완전한 사업에서 위험을 인지하도록 한다.

4.3.5 도식화 기법(diagramming techniques)

도식화 기법은 발생원인-위험-효과 도표(cause-risk-effect diagram), 시스템 또는 프로세스 흐름도(system or process flow chart), 영향도(influence diagram) 등이 있다.

(1) 발생원인-위험-효과 도표(cause-risk-effect diagram)

발생원인-위험-효과 도표 또는 피쉬본 도표(fishbone diagram)는 위험의 발생원인을 인지하는데 매우 유용하다. 발생원인-위험-효과 도표 위험을 사실과 구분하고 좀 더 명확하게 정의할 때 매우 유용하다. 그림 4.4는 발생원인-위험-효과 도표의 예[4]이다.

발생원인(cause)	위험(risk)	효과(effect)
・소비자와 좋은 관계를 유지할 수 없음	・소비자와 신뢰 부족을 발생시킴	・소비자와 더 자주 만나면서 추가적인 노력이 요구됨
・사업을 지원하지 않는 최고경영층	・자원들을 가용하지 않을 것임	・적기에 사업을 완료할 수 없을 것임

그림 4.4 발생원인-위험-효과 도표

(2) 시스템 또는 프로세스 흐름도(system or process flow chart)

시스템 또는 프로세스 흐름도는 시스템의 다양한 요소들과 위험발생 체계와 어떻게 상호 연계되어 있는지 보여준다. 그림 4.5는 설계검토를 위한 프로세스 흐름도[5]를 보여주고 있다.

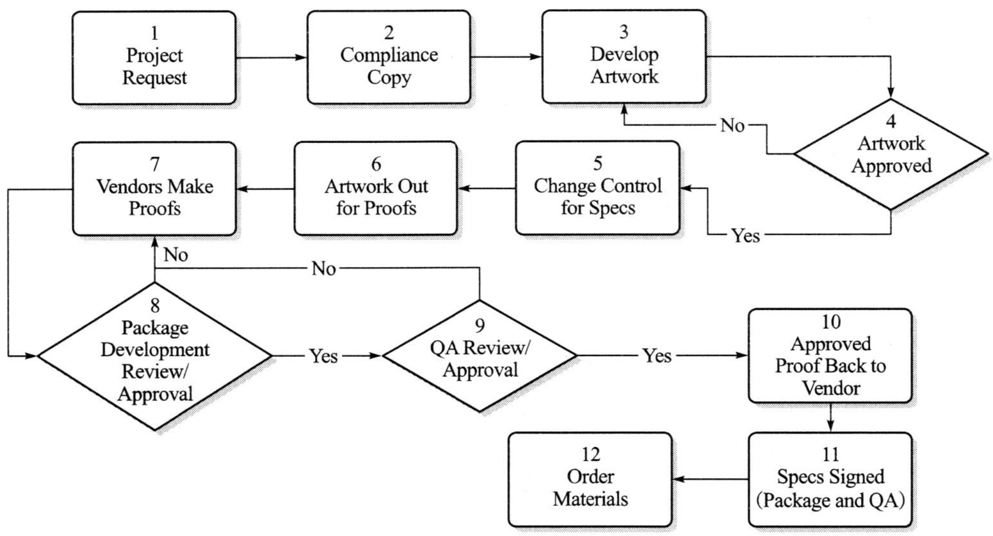

그림 4.5 프로세스 흐름도

4) Rita Mulcahy, "Risk Management, Tricks of the Trade of Porject Managers", RMC Publications, Inc., 2003

5) PMI, A Guide to the Project Management Body of Knowledge (PMBOK Guide) 2000 Edition

(3) 영향도(influence diagram)

영향도는 사건들의 영향, 시간적인 순서, 그리고 다양한 관점들을 변수와 결과 형태로 도식적으로 표현하는 기법이다.

모든 위험요인들은 서로 간에 독립적일 수 없다. 예들 들면 '자재설치'의 지연은 '공기지연'이라는 특정 위험요인의 발생확률을 더욱 높게 하는데 이러한 인자들 간의 관계는 흔히 조건부 확률(conditional probability)로 표현된다. 다시 말하면 사건 A가 발생하는 확률에 따라 사건 B의 발생확률이 변할 수 있는 것이다. 이러한 변수들 간의 조건부 확률을 모델화하는데 가장 일반적으로 사용되는 것이 영향도이다. 이 방법은 변수들 간의 복잡한 관계를 설명하는데 매우 유용하지만, 위험 변수관계들 간의 세부적인 설명이 필요하다는 단점도 가지고 있다. 그림 4.6은 영향도의 예[6]를 보여주고 있다.

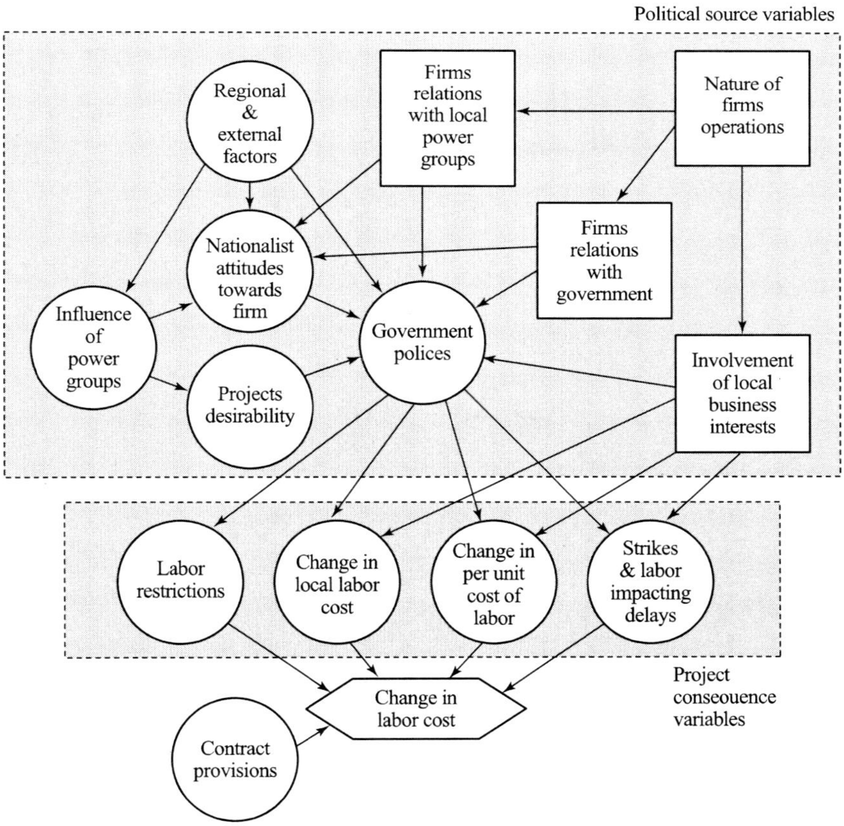

그림 4.6 영향도

6) David B. Ashley and Joseph J. Bonner, "Political Risks in International Construction", Journal of Construction and Management , 1989

4.4 위험인지 결과물

4.4.1 위험등록부(risk register)

위험등록부는 위험인지단계의 가장 중요한 결과물로서 사업관리 구성요소이다. 위험인지단계에서 인지된 위험요인들을 위험등록부에 입력하며 위험등록부는 다른 위험관리 프로세스들의 실행 결과들도 포함한다. 그림 4.7은 위험등록부의 예[7]를 보여주고 있다.

IPRA Element ID (1)	Risk Event Description (2)	Likelhood (1 to 5) (3)	Relative Impact (A to E) (4)	Relative Impact to the Project (Cost/Schedule/Scope/Quality) (5)	Mitigation Strategy/ Action (6)	Relative Cost of Mitigation (H/ML or S) (7)	Probability of Success of the mitigation Action (H/M/L) (8)	Person Resopnsible for Action (9)	Action Due Date (10)	Status/ Comments (11)
Example :										
	Political Stability- New socialist parliament, governor and Mayor	4	D	Porential New requirements- policies/laws/ etc/to increase percentage of contractors	CONTROL -Contact U.S. Enbassy representative	L	H		10/17 /XX	
					TRANSFER -Buy political Risk Insurance	M	H		12/5 /XX	
				Texes expected to rise	ACCEPT- Assess tax implications and increase	L	M		11/1 /XX	
				More local government interest in all aspects of the project (permit, labor, etc)	CONTROL -Assess local capabilities and requirements in detail	M	M		10/18 /XX	

그림 4.7 위험등록부

7) John Walewski, G. Edward Gibson, Guy Dudley "Development of the International Project Risk Assessment(IPRA) Tool", CII, 2003

4.4.2 인지된 위험요인(identified risks)

위험인지단계가 완료되면 다음과 같은 위험요인들이 도출된다.

- 사업별 그리고 업무별 위험요인 목록
- 가정사항 목록

4.4.3 위험 유발원인(triggers)

위험증상(risk symptoms) 또는 경고표시(warning signs)로 불리는 위험 유발원인(risk triggers)은 발생했던 또는 발생 가능한 지표들이다. 예를 들어 중간 완료시점을 달성하지 못하는 것은 공기지연의 조기 경고표시이다.

4.4.5 갱신된 위험목록(updated risk categories)

위험인지과정은 위험목록 리스트에 새로운 위험목록을 추가시킨다. 위험관리계획 수립과정에서 개발된 위험분류체계는 위험인지과정의 결과를 반영하여 보완 및 수정된다.

4.4.6 타 프로세스에 입력(inputs to other processes)

위험인지는 다른 분야의 추가적인 조치에 대한 필요성을 인지하도록 한다. 예를 들어, 업무분류체계가 위험요인을 정확하게 인지할 수 있을 만큼 충분히 상세하지 못하거나, 공정계획이 불완전하거나 잘못된 논리로 구성되어 있는 것 등이다.

4.5 위험인지 실제 사례

4.5.1 위험요인 체크리스트

위험요인 체크리스트는 위험분류체계를 확정한 후 이를 기준으로 작성하는 것을 원칙으로 한다. 즉 사전에 정의된 사업 위험요인을 기준으로 위험분류체계를 수립 및 확정한 다음 위험분류체계의 최하위 단위인 상세위험요인을 목록화하고 이를 기준으로 위험요인 체크리스트를 개발한다.

그림 4.8은 2.1.4절 국내 A 건설회사 위험분류체계를 기준으로 위험요인 체크리스트를 개발한 예로서, 위험분류체계의 대·중·소 위험요소들과 연계된 상세위험요인들을 보여주고 있으며, 그림 4.9는 개발사업의 위험요인 체크리스트 예[8]로서 체크리스트는 질문형식으로 구성되어 있으며, 위험인지 여부를 체크박스(check box)에 기입하는 형식이다.

위험분류체계				상세위험요인	Check Box	
대분류	중분류	소분류	상세분류		Yes	No
P00 사업	P40 시공관리	P46 공정관리	001	공정관리계획 미수립	☐	☐
			002	주요공정 인지 미흡	☐	☐
			003	공정간 영향분석 미흡	☐	☐
			004	공정전문지식 부족	☐	☐
			005	공정 만회대책 부적절	☐	☐
			006	계약공기 준수 불확실	☐	☐
			007	공정지연 책임소재 불분명	☐	☐
			008	공정/원가 연계 미흡	☐	☐
			009	공정 관련 클레임 준비 부족	☐	☐
			010		☐	☐
		P47 품질관리	001	설계품질 기준 미수립	☐	☐
			002	설계품질 기준 불충족	☐	☐
			003	품질향상의식 부족	☐	☐
			004	품질성능 불확실	☐	☐
			005		☐	☐
			006		☐	☐
			007		☐	☐
			008		☐	☐
			009		☐	☐
			010		☐	☐

그림 4.8 건설공사 위험요인 체크리스트

8) 박규영, 양문석, 김선규 "도시재생사업 건설단계의 참여주체별 위험인지 체크리스트 개발", 한국건설관리학회 논문집, 2009.7

주체별 구분	유형별 구분	CODE	상세위험요인	Check Box	
				Yes	No
건설사 (C)	I. 건설시장 위험	CI-1	분양 부진으로 인한 현금 유동성 문제 발생 가능성이 있는가?	□	□
		CI-2	시행사의 부도 가능성이 존재하는가?	□	□
		CI-3	미분양 잔여세대에 대한 분양대책의 미수립 가능성은 있는가?	□	□
		CI-4	공동업체 부도가 발생 가능성이 있는가?	□	□
		CI-5	분양계약 해지의 위험이 존재하는가?	□	□
	II. 자원 위험	CII-1	원자재 값 변동 발생 가능성이 있는가?	□	□
		CII-2	원자재 조달이 원활하지 못할 가능성이 있는가?	□	□
		CII-3	임금 변화 발생 가능성이 있는가?	□	□
		CII-4	공급자재 사양변경 가능성이 존재하는가?	□	□
	III. 수익 및 비용 위험	CIII-1	분양지연 이자 발생 가능성이 있는가?	□	□
		CIII-2	상환기간 미준수 가능성이 존재하는가?	□	□
		CIII-3	추가공사에 대한 공기 미산정 가능성이 존재하는가?	□	□
	IV. 공사관리 위험	CIV-1	공사 중 민원 발생 가능성이 있는가?	□	□
		CIV-2	건축비 축소에 따른 부실공사 가능성이 있는가?	□	□
		CIV-3	하도급자 공사수행 불능 발생 가능성이 존재하는가?	□	□
		CIV-4	공사현장 사고로 인한 사업지연의 발생 가능성이 존재하는가?	□	□
		CIV-5	시운전 지연 발생 가능성이 존재하는가?	□	□
		CIV-6	하자보수 관리체계 미비할 가능성이 있는가?	□	□
		CIV-7	계약범위 이외의 시설물 파손의 발생 가능성이 존재하는가?	□	□
	V. 사업수행 주체 위험	CV-1	시공사와 조합간 갈등이 발생할 가능성이 존재하는가?	□	□
		CV-2	컨소시엄(시공자)간의 갈등이 발생할 가능성이 존재하는가?	□	□
		CV-3	신공법 적용기술 경험이 부족할 가능성이 있는가?	□	□

그림 4.9 개발사업 체크리스트

4.5.2 위험인지 업무 프로세스

이 책에서는 개발사업의 위험인지단계 업무프로세스를 예로 든다. 개발사업에서 위험의 인지는 사업 참여주체 모두가 적극적으로 위험인지에 참여할 수 있는 체계와 기법을 선정하는 것이 매우 중요하다.

위험인지단계는 사업 내·외부에 잠재하는 모든 위험요인들을 체계적으로 인지하는 위험관리과정의 실질적인 첫 단계이다. 위험인지단계를 통해 완전한 위험요인목록을 만들어야 하며 다음과 같은 업무를 수행하게 된다. 첫째, 잠재적 위험요인을 인지하는 최선의 방법을 선택하고, 둘째, 발생 가능한 위험요인들의 발생원인을 검토하며, 셋째, 사업에 영향을 미치는 모든 잠재적 위험요인들을 인지하는 것이다.

사업 수행조직체계에서 가장 용이하고 표준적인 절차로 적용할 수 있는 위험인지방법인 체크리스트(checklist)방법을 기본적인 위험인지기법으로 정의하고, 이를 보완하기 위해 브레인스토밍(brainstorming)방법과 전문가인터뷰(expert interview)방법을 선택적으로 적용한다. 체크리스트 방법은 과거에 경험했던 위험의 대상, 유형 등을 수집, 체계적으로 분류 및 정리하여 이를 기반으로 신규 사업 또는 유사 사업에 잠재하고 있는 위험요인을 인지하는 방법론으로 위험인지 방법론 중 가장 보편적이며 실용적으로 활용되고 있다. 개발사업에서 체크리스트방법에 의한 위험인지 업무 프로세스를 요약하면 다음과 같다.

- 개발사업조직의 사업참여사별로 체크리스트에 의해 인지된 위험요인들은 가장 먼저 각 참여사별로 구성된 위험평가그룹에서 해당 위험요인을 위험관리자에게 보고해야 할 것인지 또는 사업참여사 단위에서 분석/대응할 것인지에 대한 예비평가(preliminary evaluation)를 실시한다.
- 위험요인에 대한 예비평가결과 사업시행사 또는 CM사에게 보고해야 할 위험요인은 즉시 보고한다. CM사의 위험관리자(risk manager, RMr)는 설계사 및 시공사, 기타기관으로부터 보고받은 위험요인들을 취합한 후, 위험요인에 대한 본 평가(detail evaluation)를 실시한다.
- 본 평가를 통해 사업단 차원에서 분석할지 여부를 판단하고, 위험을 분석해야 할 사업참여사를 선정하고 위험분석계획을 작성한 후 이를 사업시행사의 위험관리최고책임자(chief risk manager, CRMr)에게 보고한다.
- CRMr은 CM사로부터 보고받은 위험분석계획을 검토한 후 위험분석 실행을 승인하면 위험분석단계로 진행하게 된다.

그림 4.10은 개발사업의 위험인지단계 업무 프로세스를 도식적으로 나타내고 있다.

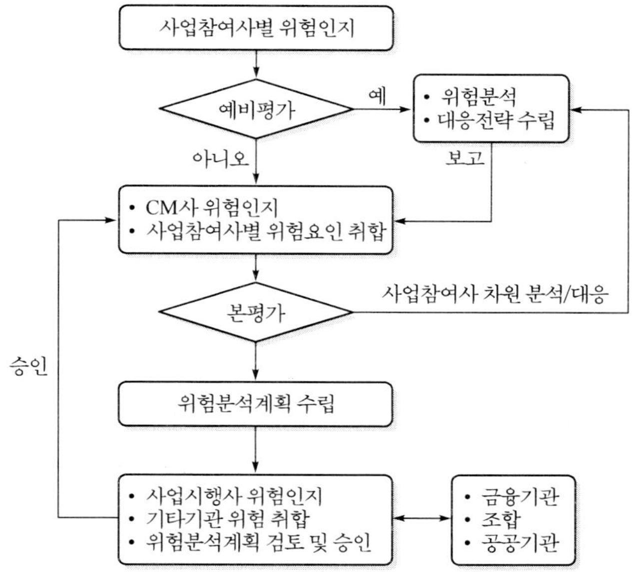

그림 4.10 개발사업 위험인지단계 업무 프로세스

4.5.3 위험인지 전산시스템

(1) 위험요인 체크리스트 화면

그림 4.11은 위험관리체계의 가장 기본이 되는 정보인 위험분류체계 및 위험요인 체크리스트의 유지관리, 그리고 위험을 인지했을 때 위험요인 체크리스트 목록에서 상세위험요인의 인지여부를 확인하는 기능을 보여주는 화면이다.

첫째, 위험분류체계와 위험요인 체크리스트의 유지관리는 위험분류체계 및 상세위험요인을 입력, 추가, 변경, 삭제하는 기능을 활용하여 수행된다. 그림 4.11은 위험분류체계에서 대분류 '사업위험' 중 중분류 '시공관리' 분야 소분류 '안전관리' 분야에 해당하는 상세위험요인을 분류코드와 함께 목록화하여 보여주고 있다. 만약에 위험분류체계의 추가, 변경, 삭제를 원한다면 우측 상단의 '추가', '변경', '삭제'버튼을 활용한다. 그리고 위험분류체계의 대·중·소분류 및 상세위험의 코드도 동시에 표시한다. 예를 들어 '사업위험' 중 '시공관리'의 '안전관리' 분야 위험요인코드는 'P45'이며 그중 '전도위험'은 상세분류의 일련번호가 '003'이므로 '전도위험요인'은 'P45-003'이 된다. 만약 안전관리분야의 상세위험요인을 추가해야 한다면 우측상단의 '추가'버튼을 클릭하면 되며, 이미 입력된 위험요인의 변경이 필요할 경우는 '변경'버튼을 클릭하고, 삭제해야 하는 경우는 '삭제'버튼을 클릭하면 된다.

둘째, 위험요인 체크리스트에서 인지된 위험요인을 직접 선택하는 기능은 우측의 '인지여부'박스를 클릭하면 체크(✔) 표시가 되며, 인지된 위험요인을 모두 체크한 다음 맨 아래 '확인'버튼을 클릭하면 위험요인들이 시스템에 저장된다. 저장된 위험요인들은 그림 4.12, 4.13의 위험요인 입력 화면에 자동으로 나타나게 된다.

그림 4.11의 위험요인 체크리스트 화면은 위험분류체계 및 위험요인 체크리스트 유지관리, 위험요인 인지여부 확인의 기능을 동시에 수행하는 매우 효율적이며 편리한 화면이다.

위험분류체계	대분류	중분류	소분류	상세분류	상세위험요인	인지여부
P45	사업	시공관리	안전관리	001	사전 공종별안전관리계획 수립/승인/공유	☐
P45	사업	시공관리	안전관리	002	감전위험	☑
P45	사업	시공관리	안전관리	003	전도위험	☑
P45	사업	시공관리	안전관리	004	장비에 의한 협착	☑
P45	사업	시공관리	안전관리	005	양중작업시 비래	☑
P45	사업	시공관리	안전관리	006	안전시설미비	☑
P45	사업	시공관리	안전관리	007	화재위험	☑
P45	사업	시공관리	안전관리	008	밀폐공간작업시 질식위험	☑
P45	사업	시공관리	안전관리	009	장비가동불량	☐
P45	사업	시공관리	안전관리	010	통행인안전확보 미비	☑
P45	사업	시공관리	안전관리	011	와이어,플랫벨트상태점검미비	☑
P45	사업	시공관리	안전관리	012	전동공기구안전기준불량	☐
P45	사업	시공관리	안전관리	013	갱폼,박스폼양중/설치기준미준수	☐
P45	사업	시공관리	안전관리	014	고소작업자 안전확보방안 미흡	☐
P45	사업	시공관리	안전관리	015	사전 층(부위)별안전계획 수립/승인/공유	☐
P45	사업	시공관리	안전관리	016	신규채용자 관리	☐
P45	사업	시공관리	안전관리	017	법적기준 교육실시 및 관리	☐
P45	사업	시공관리	안전관리	018	지정병원 운영관리체계	☐
P45	사업	시공관리	안전관리	019	추락위험	☑
P45	사업	시공관리	안전관리	020	낙하위험	☑
						☐

그림 4.11 위험요인 체크리스트 화면

(2) 위험요인 입력 화면

그림 4.12는 인지된 위험요인에 대한 상세정보를 입력하고, 위험분석단계로 진행할지 여부를 평가하는 기능을 보여주는 화면이다.

첫째, 인지된 위험요인에 대한 상세정보 입력기능이다. 그림 4.11의 위험인지 체크리스트 화면에서 상세위험요인에 대한 인지여부 박스에 체크하고 확인 버튼을 누르면, 해당 위험요인은 위험요인 입력화면의 위험요인 요약 필드에 자동으로 나타난다. 예를 들어 위험요인 체크리스트 화면에서 '민원으로 인한 공사중단(P54-006)'이 인지되었음을 체크하고 확인하면 그림 4.12의 위험요인 요약 필드에 '민원으로 인한 공사중단'이 자동으로 나타나며, 위험요인 체크리스트 화면에서 '현장조건과 설계 불일치(P32-001)'가 인지되었음을 체크하고 확인하면 그림 4.13의 위험요인 요약필드에 '현장조건과 설계 불일치'가 자동으로 나타난다. 그와 동시에 위험요인 상단에는 해당 사업명, 위험관리담당자, 등록번호, 위험인지 일자, 위험인지자가 자동으로 표시된다. 위험요인 등록번호는 위험인지 일자와 해당 일자에 인지된 위험요인 순서를 나타낸다. 위험인지자는 위험관리시스템에 로그인하여 위험요인 인지여부를 확인한 해당직원이다. 인지된 위험요인은 위험요인 체크리스트상에 존재하는 것이므로 구체적으로 공사의 어느 부분에서 인지된 위험요인임을 '위험요인 상세설명' 필드에 기술해야 한다. 그림 4.12의 '위험요인 상세설명' 필드에 '현장 주변 구조물 피해에 따른 민원 발생'이 입력되어 있으며, 그림 4.13에는 '지하 2층 엘리베이터 샤프트내 철골 Column 돌출'이 입력되어 있다. 그리고 인지된 위험의 형태인 사업분야, 사업단계, 계약주체, 공종을 참고자료 형태로 입력한다. 위험의 형태는 위험분류체계번호의 정보를 통해 개략적으로 판단할 수 있으나 구체적인 형태의 구분이 필요할 경우 선택적으로 입력하는 필드이다. 위험인지방법은 위험관리계획에서 사전에 정의한 방법 중 실제 위험인지에 적용된 방법을 선택한다.

둘째, 인지된 위험요인들 모두 분석단계로 이관되지 않는다. 위험분석단계는 많은 시간과 노력이 필요한 과정이므로 위험분석 여부에 대해 위험인지단계에서 예비적으로 평가하는 것은 위험관리 프로세스의 효율성을 높이기 위한 것이다. 인지된 위험에 대한 평가는 위험평가그룹에 의해 수행되며, 만약 위험평가그룹이 3명으로 구성되어 있다면, 과반수인 2명 이상의 찬성에 의해 위험분석단계로 진행할지 여부를 판단하게 된다. 그림 4.12에서는 위험평가그룹 3명 중 2명의 찬성, 그림 4.13에서는 3명 전원의 찬성으로 위험분석단계로 진행할 것을 판단한 결과를 보여주고 있다. 그러나 만약 인지된 위험요인이 위험분석단계로 진행되지 않는다고 해도 해당 위험요인이 데이터베이스에서 삭제되지는 않는다. 왜냐하면 위험요인은 사업이 진행됨에 따라 동적(dynamic)으로 변화하는 특성을 가지고 있기 때문이다. 즉 해당 위험요인이 평가시점에서는 분석하지 않는 것으로 되었으나, 일정시간 경과 후 위험요인의 중요성이 증가하여 분석이 필요하게 될 수도 있다. 따라서 인지된 위험요인은 해당 위험요인이 소속된 공종이나 사업단계를 완전히 경과하였다고 판단되었을 때에만 재평가 대상에서 제외할 수 있게 된다. 위험요인에 대한 재평가는 제7장 위험대응단계에서 상세하게 기술한다.

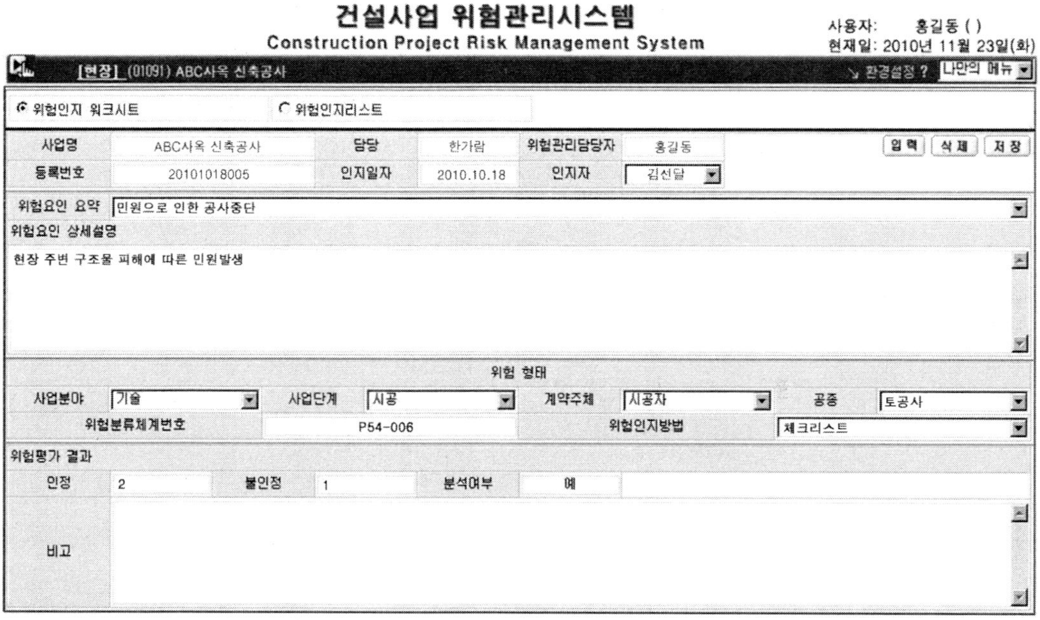

그림 4.12 위험요인 입력 화면(1)

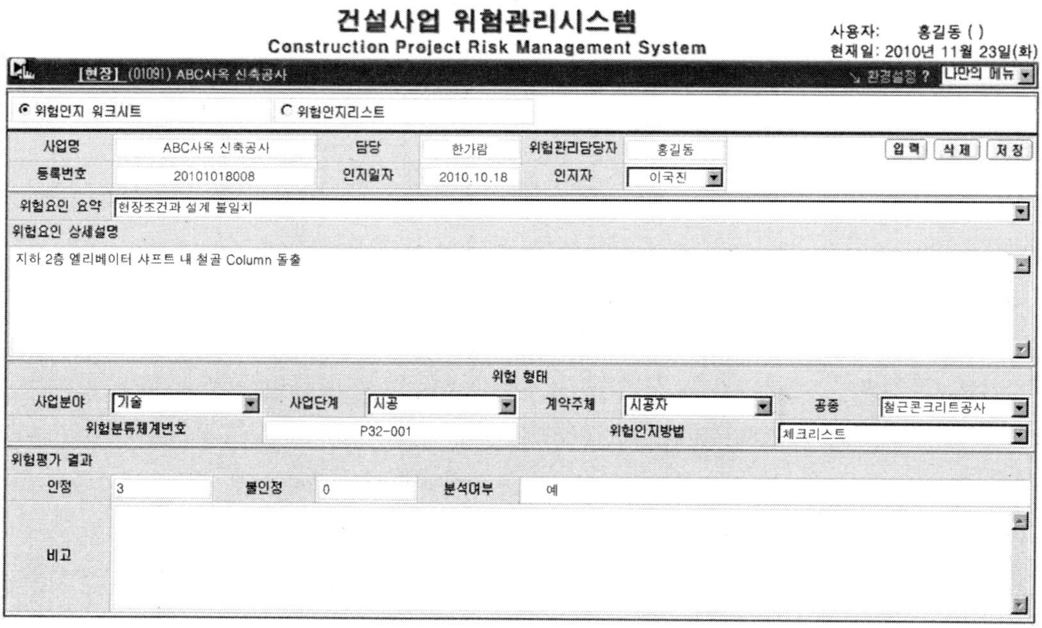

그림 4.13 위험요인 입력 화면(2)

(2) 위험요인 입력내용 조회 화면

그림 4.14는 입력된 위험요인들 전체에 대한 요약 정보를 조회하는 화면이다. 해당 사업 및 위험관리담당자가 상단에 표시되고, 인지된 상세위험요인들의 인지 일자, 인지자, 위험인지 요약, 해당 분야, 공종, 위험요인 평가결과 분석단계 이관여부, 그리고 삭제여부에 대한 정보를 보여준다. 위험요인 삭제여부는 인지된 위험요인이 소속된 공종이나 사업단계를 완전히 경과하였다고 판단된 경우 재평가 대상에서 제외된 것을 표시한다. 만약 위험요인에 대한 삭제가 필요할 경우 '삭제여부' 박스에 체크하고 위험관리담당자 우측의 '삭제'버튼을 클릭하면 된다.

인지일자	인지자	위험인지 요약	분야	공종	분석여부	삭제여부
20101018	김선달	추락위험	기술	가설공사	예	☐
20101018	박찬호	추락위험	기술	가설공사	예	☐
20101018	김선달	추락위험	기술	철근콘크리트공	예	☐
20101018	박찬호	전도위험	기술	철근콘크리트공	예	☐
20101018	박찬호	감전위험	기술	철근콘크리트공	예	☐
20101018	김선달	양중작업시 비래	기술	철골공사	예	☐
20101018	김선달	추락위험	기술	방수공사	예	☐
20101018	박찬호	추락위험	기술	철골공사	예	☐
20101019	김선달	안전시설미비	기술	공통가설공사	예	☐
20101019	김선달	낙하위험	기술	철근콘크리트공	아니오	☐
20101019	박찬호	추락위험	기술	철근콘크리트공	아니오	☐
20101019	박찬호	화재위험	기술	철근콘크리트공	아니오	☐
20101019	박찬호	추락위험	기술	창호공사	아니오	☐
20101019	김선달	안전시설미비	기술	방수공사	아니오	☐
20101019	김선달	추락위험	기술	방수공사	아니오	☐
20101019	김선달	통행인안전확보 미비	기술	철골공사	아니오	☐
20101019	박찬호	추락위험	기술	철골공사	예	☐
20101019	김선달	전도위험	기술	철골공사	아니오	☐
20101019	박찬호	통행인안전확보 미비	기술	철근콘크리트공	아니오	☐
20101019	박찬호	낙하위험	기술	공통가설공사	아니오	☐
20101019	김선달	전도위험	기술	방수공사	아니오	☐
20101022	김선달	장비에 의한 협착	기술	공통가설공사	아니오	☐
20101023	박찬호	통행인안전확보 미비	기술	철근콘크리트공	아니오	☐
20101023	박찬호	양중작업시 비래	기술	철근콘크리트공	아니오	☐
20101023	김선달	장비에 의한 협착	기술	공통가설공사	아니오	☐
20101025	김선달	추락위험	기술	철근콘크리트공	아니오	☐
20101025	박찬호	통행인안전확보 미비	기술	철골공사	아니오	☐
20101103	박찬호	양중작업시 비래	기술	철골공사	아니오	☐
20101103	김선달	화재위험	기술	철골공사	아니오	☐
20101105	박찬호	추락위험	기술	공통가설공사	아니오	☐
20101112	김선달	와이어,플랫벨트상태점검미비	기술	철골공사	예	☐
20101113	김선달	화재위험	기술	철골공사	아니오	☐

그림 4.14 위험요인 입력내용 조회 화면

제5장 정성적 위험분석

5.1 위험분석 개요

위험분석단계는 위험인지단계에서 인지된 위험요인이 사업에 어떠한 영향을 줄 것인지 평가하기 위하여 인지된 위험의 발생확률과 위험으로 인한 영향의 정도를 분석하여 위험의 크기 또는 위험의 정도를 수량화하는 단계이다.

위험분석단계에서 위험도를 수량화하기 위해 적용되는 기법은 위험분석을 위한 객관적인 자료의 확보 및 위험요인의 반복성 여부에 따라 크게 정성적 방법(qualitative risk analysis)과 정량적 방법(quantitative risk analysis)으로 구분된다. 정성적 방법은 위험분석을 위한 객관적 자료가 충분하지 못하고 위험요인이 비반복적 특성을 가진 경우 위험평가그룹이 등급으로 위험도를 측정하는 방법이며, 정량적 방법은 위험분석을 위한 객관적 자료가 충분하고 위험요인이 반복적 특성을 가진 경우 통계확률분석기법을 통해 위험도를 측정하는 방법이다. 정량적 방법은 정성적 방법에 의한 위험분석이 불충분하여 추가적으로 정밀한 위험분석이 필요하거나 통계확률적인 위험분석이 필요할 때 실시하는 위험분석 과정이기도 하다. 그러나 정량적 위험분석과정은 통계확률적인 방법론이 도입되므로 위험분석에 상당한 시간과 노력이 필요하다. 따라서 정량적 방법은 위험분석을 위한 충분한 시간이 확보되었을 때 실행하는 것이 좋다.

일반적으로 건설사업은 제조업과 달리 비반복적 특성을 가지고 있어 과거에 수행했던 경험자료를 새로운 사업환경에 그대로 적용하기 어렵고, 건설사업의 한시적 특성으로 인하여 사업수행 경험자료가 대부분 사업참여자들의 개인 자료화되는 경향이 강해 체계적인 자료수집과 정리가 매우 미흡한 실정이다. 또한 현실적으로 위험관리가 사업에 참여하는 모든 주체가 이해하고 공유할 때 위험관리의 효과가 극대화된다는 점을 고려해 보면 위험분석과정에 적용되는 기법은 사업참여자 대부분이 쉽게 이해하고 실무에 적용할 수 있어야 할 것이다.

5.2 정성적 위험분석

정성적 위험분석은 인지된 위험요인들의 발생확률과 영향의 정도를 전문가 또는 위험평가그룹이 등급으로 판정하는 방법이다. 이 분석방법은 인지된 위험요인을 계량화시키기 위한 객관적인 자료가 불충분하거나 비반복적 형태의 위험요인일 경우 매우 적합하지만 평가자의 주관적 판단의 오류와 편견을 제거하기 위한 안전장치가 마련될 필요가 있다.

정성적 위험분석은 인지된 위험요인들의 영향과 발생가능성을 평가하여 사업목표에 영향을 미치는 위험의 잠재성에 따라 위험요인들의 우선순위를 결정하는 단계이다. 정성적 위험분석에서 위험요인의 발생확률과 영향에 대한 평가는 사전에 정의된 분석방법과 도구를 사용해야 한다. 정성적 위험분석과정에서 특정 위험요인에 대한 중요성과 위험과 관련된 행위의 시간적 임계성(time-criticality)이 평가되고 사업계획의 오류도 수정될 수 있다. 정성적 분석결과는 위험관리 프로세스의 다음 단계인 정량적 위험분석(quantitative risk analysis)에서 추가적으로 분석하거나 정량적 분석단계를 생략하고 직접 위험대응단계의 입력정보로 활용될 수 있다.[1] 정성적 위험분석단계를 PMBOK (2004)를 참고하여 입력사항, 도구 및 기법, 결과물로 구분하여 도식적으로 표현하면 그림 5.1과 같다.

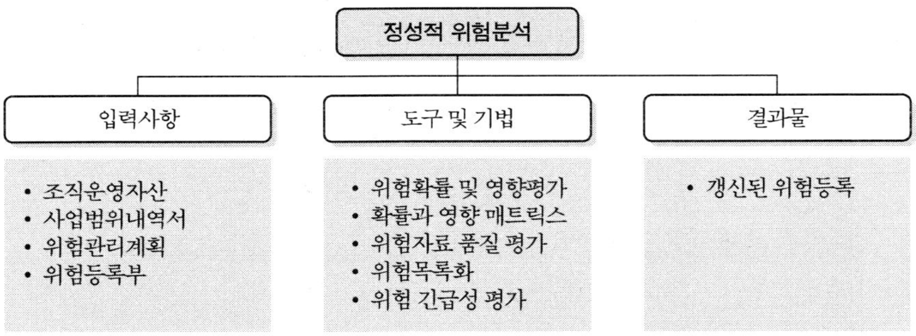

그림 5.1 정성적 위험분석단계

5.3 정성적 위험분석 입력사항

5.3.1 조직운영자산(organizational process assets)

과거 사업들의 위험에 대한 자료와 경험은 정성적 위험분석 과정에 활용될 수 있다.

1) PMI, A Guide to the Project Management Body of Knowledge (PMBOK Guide) 2004 Edition

5.3.2 사업범위내역서(project scope statement)

반복되는 형태의 사업들은 일반적으로 잘 정의된 위험들을 보유하고 있다. 그러나 최신 또는 최고의 기술이 적용되는 매우 복잡한 사업들은 많은 불확실성을 갖고 있다. 이러한 것들은 사업범위내역서에 대한 검토를 통해 평가되어야 한다.

5.3.3 위험관리계획(risk management plan)

정성적 위험분석을 위한 위험관리계획의 주요 요소들은 위험관리를 수행하기 위한 역할과 책임, 위험관리를 위한 예산 및 공정관리 활동, 위험요인 목록, 확률과 영향에 대한 정의, 확률과 영향 매트릭스, 그리고 이해관계자들의 수정된 위험허용도를 포함한다. 이러한 입력사항들은 통상적으로 위험관리계획 수립과정에서 반영되어야 하지만, 만약 그렇지 않았다면 정성적 위험분석 과정동안 반영될 수 있다.

5.3.4 위험등록부(risk register)

정성적 위험분석을 위한 위험등록부의 주요 요소들은 인지된 위험요인의 목록이다.

5.4 정성적 위험분석 도구 및 기법

5.4.1 등급판정법(grade judgement)

등급판정법은 위험발생확률과 영향의 정도를 판정하기 위한 등급판정표(grade judgment table)를 사전에 준비하고, 전문가 또는 위험평가그룹이 이를 기준으로 단정적(deterministic)으로 위험을 평가하는 것이다. 이 방법은 통계확률에 대한 전문지식이 필요 없는 가장 단순하고 편리한 위험평가방법으로 건설실무자 모두 쉽게 적용할 수 있는 장점이 있다. 그러나 위험평가의 객관성과 판단의 오류를 배제하지 않을 경우 평가의 신뢰성이 저하될 위험이 있으므로 이를 보완할 안전장치가 필요하다. 이 방법에 적용되는 등급판정표는 발생확률을 평가하기 위한 확률등급판정표, 영향의 정도를 평가하기 위한 영향등급판정표, 확률과 영향의 정도를 결합한 매트릭스(matrix)등급표 등이 있다.

확률등급판정표는 등급을 최소화시켜 발생확률이 높음(high), 보통(moderate), 낮음(low) 등으로 단순하게 세 등급으로 구분하는 경우에서부터 등급을 세분화하여 20단계로 구분하는 경우까지 다양하게 작성할 수 있다. 확률등급판정표는 위험평가자들이 발생확률을 분명하게 인지하고 계량화할 수 있도록 확률등급, 등급별 확률범위, 등급판정상황을 기본적으로 표시해야 한다. 표 5.1은 확률등급을 5단계, 표 5.2는 확률등급을 10단계로 구분한 예[2])이며, 표 5.3는 확률등급과 확률에 대한 정의를 동시에 보여주고 있는 예[3])이다.

표 5.1 확률 5단계 등급판정표

Probability factor	What the Factor signifies
0%	Nil chance
5%~45%	Unlikely as not
45%~55%	As likely as not
55%~95%	Likely
95%~99%	Almost certain
100%	Certain

표 5.2 확률 10단계 등급판정표

확률등급	확률등급 의미	확률범위
0	발생가능성 없음 (Loss is not possible)	0~5%
0.1	발생가능성 극히 희박 (Possibility is very remote)	6~15%
0.2	발생가능성 매우 낮음 (Remotely possible)	16~25%
0.3	발생가능성 조금 있음 (Slight chance of it happening)	26~35%
0.4	발생가능성 중간 약간 이하 (A little less than equal chance)	36~45%
0.5	발생가능성 중간 (Equal chance of it happening)	46~55%
0.6	발생가능성 중간 약간 이상 (Fairly possible)	56~65%
0.7	발생가능성 조금 높음 (More than likely to happen)	66~75%
0.8	발생가능성 매우 높음 (Predictable)	76~85%
0.9	발생가능성 극히 높음 (Very possible it will happen)	86~95%
1.0	발생가능성 확실 (Loss is certain)	96~100%

2) Leslie Edwards, "Practical risk management in the construction industry", Thomas Telford, 1995
3) John Walewski, G. Edward Gibson, Guy Dudley "Development of the International Project Risk Assessment(IPRA) Tool", CII, 2003

표 5.3 확률등급과 확률정의

Occurrence	Probability
NA-not applicable to this project	Zero
1-Very Low chance of occurrence, rare and occurs only in exceptional circumstances.	(<10% chance)
2-Low chance and unlikely to occur in most circumstances.	(10% chance of occurrence<35%)
3-Medium chance and possible to occur in most circumstances.	(35% chance of occurrence<65%)
4-High chance of happening and will probably occur in most circumstances.	(65% chance of occurrence<90%)
5-Very High chance of occurrence and almost certain and expected in most circumstances.	(90% or greater chance of occurrence)

영향등급판정표는 확률등급판정표 작성방법과 유사하며, 표 5.4는 영향등급을 6단계,[4] 표 5.5는 10단계,[5] 표 5.6은 영향등급을 알파벳으로 표현하고 그에 대한 정의를 표시한 예[6]를 보여주고 있다.

표 5.4 영향등급 6단계 판정표

영향등급	확률정도	영향수준
1	미미한 손실 (Nuisance Impact)	매우 낮음 (Very low)
2	예측가능 범위 내 최소 손실 (least loses of Range)	약간 낮음 (Slightly low)
3	관리 가능 손실 (Manuageable loses)	보통 (Moderate)
4	예측 범위 내 가장 큰 손실 (largest loses og Range)	약간 높음 (Slightly high)
5	심각한 손실 (Serious losses)	매우 높음 (Very high)
6	재앙적 손실 (Most Serious)	극히 높음 (Extreme)

4) Leslie Edwards, "Practical risk management in the construction industry", Thomas Telford, 1995

5) Rita Mulcahy, "Risk Management, Tricks of the Trade of Porject Managers", RMC Publications, Inc., 2003

6) John Walewski, G. Edward Gibson, Guy Dudley "Development of the International Project Risk Assessment(IPRA) Tool", CII, 2003

표 5.5 영향등급 10단계 판정표

Rating	Interpretation
10	Project failure
9	Over budjet by 40% or project delayed by 40%
8	Over budjet by 30% to 40% or project delayed by 30% to 40%
7	Over budjet by 20% to 30% or project delayed by 20% to 30%
6	Over budjet by 10% to 20% or project delayed by 10% to 20%
5	Slightly over budget
4	Large reduction of time or cost reserves but within budget
3	Medium reduction of time or cost reserves
2	Small reduction of time or cost reserves
1	No real impact

표 5.6 알파벳 영향등급 표시와 정의

RELATIVE IMPACT	
A	Negligible consequence that routine procedure would be sufficient to deal with the consequences.
B	Low consequence that would threaten an element of the project. Normal control and monitoring measures are sufficient.
C	Moderate consequence would necessitate significant to the project. Requires identification and control of all contributing factors by moniting conditions and reassessment at project milestones.
D	Significant consequence that would threaten goals and objectives; requires close management. Could substantially delay the project schedule or significantly affect technical performance or costs, and requires a plan to handle.
E	Extreme consequence would stop achievement of project or organizational goals and objectives. Most likely to occur and prevent achievement of objectives, causing unacceptable cost overruns, schedule slippage, or project failure.

5.4.2 확률과 영향 매트릭스(probability and impact matrix)

위험요인들은 위험관리 프로세스의 다음 단계인 정량적 위험분석과 대응을 위하여 등급을 기초로 우선순위가 설정되어야 한다. 위험에 대한 우선순위는 사전에 정의된 확률과 등급에 기초하여 할당된다. 각 위험요인의 중요성과 관심의 우선순위는 일반적으로 참조표(look-up table) 또는 확률과 영향 매트릭스를 이용하여 평가할 수 있다. 그러한 매트릭스는 위험요인들을 낮은(low), 중간(moderate) 또는 높은(high) 우선순위로 등급을 할당할 수 있는 확률과 영향의 조합으로 표현하며 서술적인 용어 또는 수치들도 조직의 선호도에 따라 사용될 수 있다.

확률과 영향 매트릭스를 작성할 때 가장 먼저 사업관리팀은 높은 위험(high risk) 또는 적색 조건(red condition), 중간 위험(moderate risk) 또는 황색 조건(yellow condition), 낮은 위험(low risk) 또는 녹색 조건(green condition) 확률과 영향의 조합들을 정의해야 한다. 흑백 매트릭스에서 이러한 조건들이 각기 다른 회색 음영에 의해 나타낼 수 있으며, 그림 5.2는 확률과 영향을 각각 10등급으로 구분하고, 높은 위험(흑색), 중간 위험(회색), 낮은 위험(백색)으로 표시한 예[7]를 보여주고 있다.

Probability										
	8	16	24	32	40	48	56	64	72	80
	7	14	21	28	35	42	49	56	63	70
	6	12	18	24	30	36	42	48	54	60
	5	10	15	20	25	30	35	40	45	50
	4	8	12	16	20	24	28	32	36	40
	3	6	9	12	15	18	21	24	27	30
	2	4	6	8	10	12	14	16	18	20
	1	2	3	4	5	6	7	8	9	10

Impact

Risk to simply document (low risk)	
Risk you might decide to move to quantitative risk analysis and/or risk response planning (medium risk)	
Risk you should definitely move to quantitative risk analysis and/or risk response planning (high risk)	

그림 5.2 확률과 영향 10등급 매트릭스

그림 5.3은 확률과 영향을 단순히 각각 5등급으로 표시한 예[8]이다. 매트릭스에서 짙은 회색부분으로 표시한 곳에 해당되는 위험요인은 대응이 필요한 수준을 나타낸다.

7) Rita Mulcahy, "Risk Management, Tricks of the Trade of Porject Managers", RMC Publications, Inc., 2003

8) PMI, A Guide to the Project Management Body of Knowledge (PMBOK Guide) 2000 Edition

영향 / 확률	매우 낮음 0.05	낮음 0.1	보통 0.2	높음 0.4	매우 높음 0.8
0.9	0.05	0.09	0.18	0.36	0.72
0.7	0.04	0.07	0.14	0.28	0.56
0.5	0.03	0.05	0.10	0.20	0.40
0.3	0.02	0.03	0.06	0.12	0.24
0.1	0.01	0.01	0.02	0.04	0.08

그림 5.3 확률과 영향 5등급 매트릭스

그림 5.4는 위험과 기회에 대한 확률과 영향의 조합을 동시에 나타내는 매트릭스의 예[9]이다. 매트릭스에서 높은 숫자들을 갖는 어두운 회색 부분은 높은 위험을 표현하고, 가장 작은 숫자들을 갖는 중간 회색부분은 낮은 위험을 표현하며, 중간 숫자들을 갖는 밝은 회색 부분은 중간 위험을 표현한다. 일반적으로 이러한 위험등급 규칙은 프로젝트가 착수되기 전에 정의되며 조직운영자산에 포함되어 있다. 그러나 위험등급 규칙은 위험관리계획 수립과정에서 조정될 수 있다.

Probability and Impact Matrix

Probability	Threats					Opportunities				
0.90	0.05	0.09	0.18	0.36	0.72	0.72	0.36	0.18	0.09	0.05
0.70	0.04	0.07	0.14	0.28	0.56	0.56	0.28	0.14	0.07	0.04
0.50	0.03	0.05	0.10	0.20	0.40	0.40	0.20	0.10	0.05	0.03
0.30	0.02	0.03	0.036	0.12	0.24	0.24	0.12	0.06	0.03	0.02
0.10	0.01	0.01	0.02	0.04	0.08	0.08	0.04	0.02	0.01	0.01
	0.05	0.10	0.20	0.40	0.80	0.80	0.40	0.20	0.10	0.05

Impact (ratio scale) on an objective (e.g., cost, time, scope or quality)

Each risk is rated on its probability of occurring and impact on an objective if it doed occur. The organization's Thresholds for low, moderate or high risks are shown in the matrix and determine whether the risk is scored as high. moderate or low for that objective.

그림 5.4 위험과 기회에 대한 확률과 영향 5등급 매트릭스

9) PMI, A Guide to the Project Management Body of Knowledge (PMBOK Guide) 2004 Edition

그림 5.4와 같은 확률과 영향 매트릭스는 각각의 사업목표(비용, 공기, 품질 등)들에 독립적으로 적용할 수 있도록 위험을 등급화 할 수 있으며, 각 위험을 하나로 통합된 등급으로 판정할 수 있도록 한다. 또한 기회와 위협들을 동일한 매트릭스에서 처리할 수도 있다. 즉 기회요인들에 대해서도 가장 쉽게 얻을 수 있고 최고의 이익을 나타내는 높은 기회(어두운 회색), 중간에 있는 기회, 낮은 부분의 기회(중간 회색)들을 표시하고 있어, 위험요인과 동시에 기회요인을 관리할 수 있도록 하고 있다.

확률과 영향 매트릭스는 위험대응계획을 수립하는데 도움을 준다. 예를 들어, 발생할 경우 목표에 부정적 영향을 주며 매트릭스의 높은 위험(어두운 회색)부분에 해당하는 위험요인들은 우선적이며 적극적인 대응전략이 요구되는 것을 나타낸다. 반면에 작은 위험(중간 회색)부분에 있는 위협들은 관찰목록에 등록시키거나 비상예비비(contingency reserve)를 추가하는 수준의 사전예방적인 관리활동만을 요구할 수 있다.

5.4.3 위험자료 품질 평가(risk data quality assessment)

정성적 위험분석은 신뢰성을 위해 정확하고 공정한 자료를 요구한다. 위험자료의 품질분석은 위험자료가 위험관리에 유용한지 여부를 평가하는 기법이다. 이것은 위험을 이해한 정도, 그리고 위험자료의 정확성, 품질, 신뢰성, 진실성의 정도를 평가하는 것을 포함한다.

낮은 품질의 위험자료들은 정성적 위험분석을 수행할 수 없도록 한다. 만약 자료의 품질을 인정할 수 없다면, 더 나은 자료를 수집할 필요가 있다. 위험에 대한 정보 수집은 어려울 뿐만 아니라 최초 계획을 초과하는 시간과 노력이 필요할 수 있다.

5.4.4 위험 목록화(risk categorization)

불확실성에 가장 많이 노출된 사업분야를 판정하기 위하여 위험의 원천(RBS사용), 영향을 주는 사업분야(WBS사용) 등에 의해 사업위험들을 목록화할 수 있다. 공통적인 근본 원인에 의해 위험요인을 그룹화시키는 것은 위험대응계획을 효과적으로 수립할 수 있도록 한다.

5.4.5 위험 긴급성 평가(risk urgency assessment)

가까운 기간내에 대응을 요구하는 위험요인들은 더욱 긴급한 것으로 판단되어야 한다. 우선순위 지표들은 위험대응이 효과적인 시점, 증상, 경고표시, 그리고 위험등급 등을 포함한다.

5.5 위험도 산정 방법

위험분석단계에서 도출되는 위험의 크기를 위험도(risk value 또는 risk score, RV)라 하고, 위험도는 위험발생확률(risk probability, P)과 위험으로 인한 영향의 정도(impact, I)의 함수로 정의하며, 위험요인 i의 위험도를 산정하는 함수는 식 (5.1)과 같다.

$$RV = f(P, C) \tag{5.1}$$

식(5.1)을 적용하여 위험도를 계산하는 방법으로 크게 두 종류의 위험도 산정식이 제안되었다. 그 중 첫 번째는 위험관리기법이 처음으로 소개된 시점부터 현재까지 가장 일반적이며 광범위하게 적용되는 방법으로서 위험요인의 발생확률과 영향도를 단순히 곱하여 위험도를 계산하는 산정식인데, 이렇게 산정된 위험도 분포는 위험도가 저위험에 편중되는 특징을 나타낸다. 두 번째는 위험요인의 발생확률과 영향도를 더한 후 그들을 곱한 값을 공제하는 산정식인데, 이렇게 계산된 위험도 분포는 첫 번째 방법과는 반대로 위험도가 고위험에 편중되는 특징을 나타내고 있다.

하지만 위험도 분포가 저위험도 또는 고위험도에 편중하게 될 경우, 대부분의 자연현상이 정상분포에 가깝다는 통계학적인 일반논리에 부합되지 않는다. 물론 위험도의 분포가 반드시 정상분포가 되어야 한다는 당위성은 없다. 그럼에도 불구하고 위험도 분포가 저위험과 고위험에 편중되는 왜곡현상을 해결하기 위한 대안으로 중간위험도에 집중되는 정상분포를 이루는 새로운 위험도 산정방법은 모색될 필요가 있다.

이 책의 저자는 위험도의 분포가 중앙에 집중되는 새로운 위험도 산정방법을 제안하고자 한다. 이를 통해 위험도 분포가 자연현상의 정상분포와 유사한 형식으로 표현됨으로써 위험에 대응하는 수준이 고위험도 또는 저위험도에 치우지지 않고 중간위험도에서 합리적으로 선택될 수 있게 하고자 한다. 나아가 위험도 산정방법에 대한 추가적인 선택사항을 제공함으로써 위험분석 방법의 융통성과 합리성을 향상시키는데 일조하고자 한다.

5.5.1 저위험 편중형 위험도 산정방법

첫 번째 방법은 위험도를 산정하는 가장 일반적인 방법으로서, 위험요인 i의 발생확률(P_i)과 영향도(C_i)를 단순히 곱하여 위험도(RV_i)를 계산하는 식(5.2)와 같다.

$$RV_i = P_i \times C_i \tag{5.2}$$

식(5.2)에서 발생확률과 영향도의 범위를 0.0으로 부터 1.0 까지 동일한 척도로 가정하고, 발생확률과 영향도를 각각 0.1씩 증가시키며 산정한 위험도 결과 값들을 2차원의 정사각형에 등고선(contour) 형식으로 표시하면 그림 5.5와 같이 표현된다.

그림 5.5는 발생확률 1.0과 영향도 1.0인 우측 상단 꼭지점의 위험도가 최정상점인 1.0이 되고, 좌측 하단 방향으로 내려오며 발생확률 0.0과 영향도 0.0인 좌측 하단 꼭지점에서 위험도가 최하점인 0.0을 갖는 등고선들을 나타내고 있다. 만약 특정 위험요인이 발생확률은 매우 높은 0.8이고, 영향도는 매우 낮은 0.2라고 가정할 경우, 식(5.2)로 부터 위험도는 0.16으로 계산된다. 이 위험도는 그림 5.1의 최저 1등급으로부터 최고 10등급으로 구분된 등고선에서 최하위 수준인 2등급에 위치하게 된다. 따라서 식(5.2)에 의해 위험도를 산정하게 되면 발생확률 또는 영향도 모두 높지 않을 경우 대부분의 위험도는 낮게 평가되는 저위험 편중현상을 보이는데, 이러한 현상을 정확하게 파악하기 위해 등고선별 위험도 면적을 계산하여 비교할 필요가 있다.

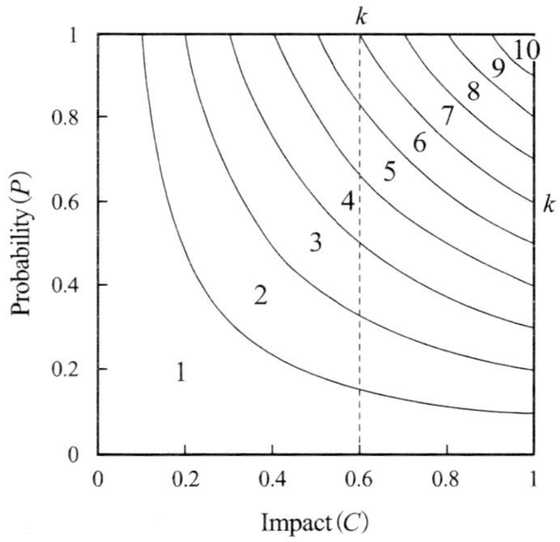

그림 5.5 위험도 식(5.2)를 기준한 위험등고선

등고선별 위험도 면적을 계산하기 위해 그림 5.5에서 k를 임의의 등고선이라 가정하면 식(5.3)과 정의할 수 있으며, 이를 영향도로 치환시키면 식(5.4)와 같다.

$$k = P \times C \quad (0 < k \leq 1) \tag{5.3}$$

$$C = \frac{k}{P} \quad (0 < k \leq 1) \tag{5.4}$$

그림 5.5의 k지점에서 1.0지점까지 식(5.4)를 적분하는 계산식은 식(5.5)와 같다.

$$\int_k^1 \frac{k}{P}\,dP = k\,[\ln P]_{P=k}^{P=1} = -k\ln k \tag{5.5}$$

그리고 그림 5.5의 k지점에서 1.0지점까지의 직사각형 면적은 식(5.6)과 같으므로, 등고선 k를 기준한 면적(S_k)은 식(5.6)에서 식(5.5)을 공제하는 식(5.7)과 같이 정리된다.

$$(1-k)\times 1 \tag{5.6}$$

$$S_k = (1-k)\times 1 - (-klnk) = klnk - k + 1 \tag{5.7}$$

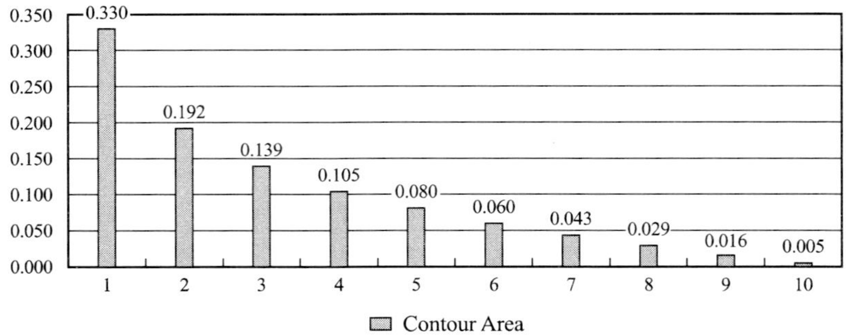

그림 5.6 위험도 식(5.2)를 기준한 위험도 면적

식(5.7)에서 k값을 0.1씩 증가시키며 최저 1등급에서 최고 10등급까지의 등고선별 위험도 면적을 계산한 후, 각각의 면적들에서 이전에 계산된 면적들을 공제하면 등고선별 위험도 개별 면적들이 계산되는데 이들을 막대그래프 형식으로 표시하면 그림 5.6과 같이 표현된다.

그림 5.6은 등급별 위험도 개별 면적들이 최저 수준인 1등급 33%로부터 최고 수준인 10등급 0.5%까지 점차적으로 감소하는 추세를 보여주고 있다. 이러한 결과로부터 위험도 산정식(5.2)는 낮은 위험도에 집중 분포되는 저위험 편중형 위험도 산정 방법임을 확인할 수 있다.

5.5.2 고위험 편중형 위험도 산정방법

두 번째 방법은 식(5.2)의 저위험 편중 현상을 보완하기 위하여 제안된 방법(Dele Cooper et al. 2004)으로서, 위험요인 i의 발생확률(P_i)과 영향도(C_i)를 단순히 더한 다음 그 발생확률과 영향도의 곱을 공제하여 위험도(RV_i)를 계산하는 식(5.8)과 같다.

$$RV_i = P_i + C_i - (P_i \times C_i) \tag{5.8}$$

식(5.8)에서 발생확률과 영향도의 범위를 0.0으로 부터 1.0 까지 동일한 척도로 가정하고, 발생확률과 영향도를 각각 0.1씩 증가시키며 산정한 위험도 결과 값들을 2차원의 정사각형에 등고선(contour) 형식으로 표시하면 그림 5.7과 같이 표현된다.

그림 5.7은 발생확률 1.0과 영향도 1.0인 우측 상단 꼭지점의 위험도가 최정상점인 1.0이 되고, 좌측 하단 방향으로 내려오며 발생확률 0.0과 영향도 0.0인 좌측 하단 꼭지점에서 위험도가 최하점인 0.0을 갖는 등고선들을 나타내고 있다. 만약 특정 위험요인이 발생확률은 매우 높은 0.8이고, 영향도는 매우 낮은 0.2라고 가정할 경우, 식(5.8)로 부터 위험도는 0.84로 계산된다. 이 위험도는 그림 5.7의 최저 1등급으로부터 최고 10등급으로 구분된 등고선에서 최상위 수준인 9등급에 위치하게 된다. 따라서 식(5.8)에 의해 위험도를 산정하게 되면 발생확률 또는 영향도중 하나만 높을 경우에도 대부분의 위험도는 높게 평가되는 고위험 편중현상을 보이는데, 이러한 현상을 정확하게 파악하기 위해 등고선별 위험도 면적을 계산하여 비교할 필요가 있다.

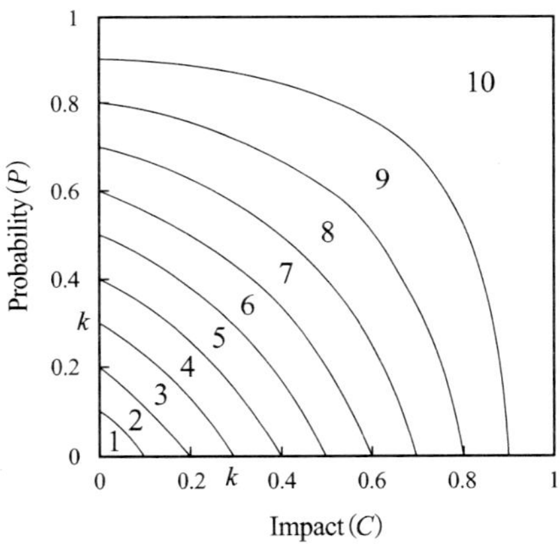

그림 5.7 위험도 식(5.8)을 기준한 위험등고선

등고선별 위험도 면적을 계산하기 위해 그림 5.7에서 k를 임의의 등고선이라 가정하면 식(5.9)와 같이 정의할 수 있으며, 이를 영향도로 치환시키면 식(5.10)과 같다.

$$k = P + C - PC \quad (0 < k \leq 1) \tag{5.9}$$

$$C = \frac{k-P}{1-P} = 1 + \frac{k-1}{1-P} \quad (0 < k \leq 1) \tag{5.10}$$

그림 5.7의 0.0지점에서 k지점까지 등고선별 면적(S_k)은 식(5.10)을 적분하면 되므로 이를 계산하는 식(5.11)은 다음과 같이 정리된다.

$$S_k = \int_0^k \left(1 + \frac{k-1}{1-P}\right) dP = [P - (k-1)\ln(1-P)]_{P=0}^{P=k}$$
$$= k + (1-k)\ln(1-k) \quad (5.11)$$

식(5.11)에서 k값을 0.1씩 증가시키며 최저 1등급에서 최고 10등급까지의 등고선별 위험도 면적을 계산한 후, 각각의 면적들에서 이전에 계산된 면적들을 공제하면 등고선별 위험도 개별 면적들이 계산되는데 이들을 막대그래프 형식으로 표시하면 그림 5.8과 같이 표현된다.

그림 5.8은 등급별 위험도 개별 면적이 최저 수준인 1등급 0.5%로부터 최고 수준인 10등급 33%까지 점차적으로 증가하는 추세를 보여주고 있다. 이러한 결과로부터 위험도 산정식(5.8)은 위험도 산정식(5.2)와 반대로 높은 위험도에 집중 분포되는 고위험 편중형 위험도 산정 방법임을 확인할 수 있다.

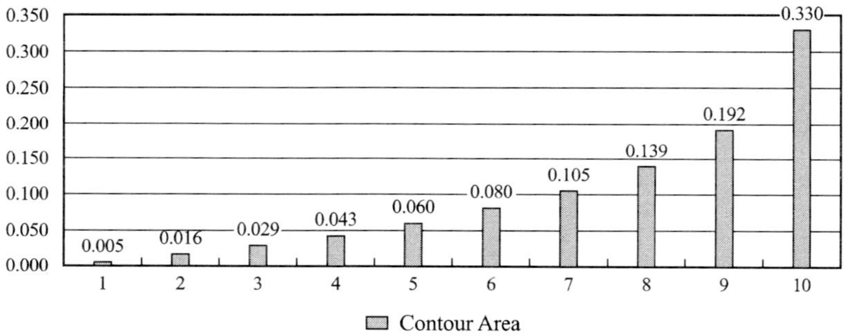

그림 5.8 위험도 식(5.8)을 기준한 위험도 면적

5.5.3 중간위험 편중형 위험도 산정방법

(1) 새로운 위험도 산정 방법 필요성

기존 위험도 산정방법에 의한 결과 값들은 저위험도 또는 고위험도에 편중되는 현상을 나타내고 있어 자연현상과는 거리가 먼 분포들임을 확인하였다. 일반적으로 자연현상을 가장 근접하게 표현하는 분포는 정규분포(normal distribution)라고 한다.(Walpole et al. 1985) 즉 세상의 수많은 현상들은 대부분 정규분포를 따르는데 이는 많은 경영·경제·사회·자연현상들이 정규분포 형태를 띠고 있기 때문이다.(Park, 2003)

물론 세상의 모든 현상들을 정규분포만으로 표현할 수 없으며 한쪽으로 편중되는 분포로 설명되는 경우도 존재할 것이다. 그럼에도 불구하고 기존의 위험도 산정방법에 의한 결과 값들은 너무나 한쪽으로 편중되고 있어 위험분석 결과에 대한 신뢰성 확보에 문제가 발생할 여지가 많다. 따라서 가장 자연현상에 근접하면서 보편 타당성과 신뢰성을 확보할 수 있도록 위험도 결과 값들이 정규분포 형태를 가지면서 중간수준의 위험도에 집중 분포되는 새로운 위험도 산정방법을 모색할 필요가 있다.

(2) 중앙집중형 위험도 산정 방법($0 < C \leq 1$)

저자는 위험요인별 영향도의 추정범위가 발생확률의 추정범위와 동일한 0.0으로부터 1.0까지인 경우, 위험도 결과 값들이 정규분포와 유사하게 중앙에 집중되는 경향을 보이는 위험도 산정방법으로, 위험요인 i의 발생확률(P_i)과 영향도(C_i)를 더한 값을 2로 나누어 위험도(RV_i)를 계산하는 식(5.12)를 제안한다.

$$RV_i = \frac{P_i + C_i}{2} \tag{5.12}$$

식(5.12)에서 발생확률과 영향도를 0.0으로부터 1.0까지 각각 0.1씩 증가시키며 산정한 위험도 결과 값들을 2차원의 정사각형에 등고선(contour) 형식으로 표시하면 그림 5.9와 같이 표현된다.

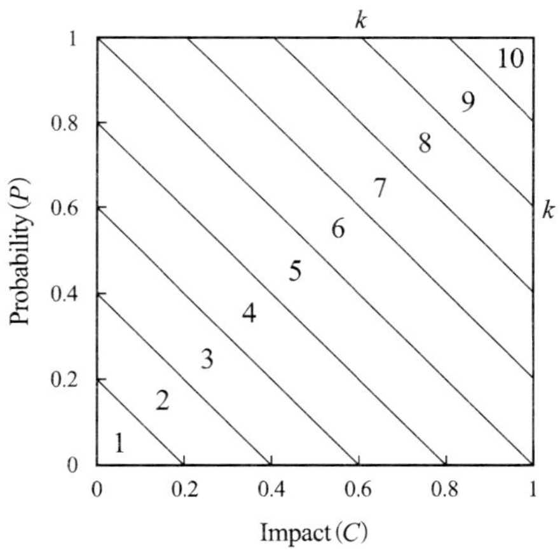

그림 5.9 위험도 식(5.12)를 기준한 위험등고선

그림 5.9는 그림 5.5, 5.7과 같이 발생확률 1.0과 영향도 1.0인 우측 상단 꼭지점의 위험도가 최정상점인 1.0이 되고, 좌측 하단 방향으로 내려오며 발생확률 0.0과 영향도 0.0인 좌측 하단 꼭지점에서 위험도가 최하점인 0.0을 갖는 등고선들을 나타낸다. 만약

특정 위험요인이 발생확률은 매우 높은 0.8이고, 영향도는 매우 낮은 0.2라고 가정할 경우, 식(5.12)로 부터 위험도는 0.5로 계산된다.

반대로 발생확률이 내우 낮은 0.2이고, 영형도는 매우 높은 0.8이라 가정할 경우 식(5.12)로부터 위험도는 0.5로 계산된다. 이러한 위험도 값들은 그림 5.9의 최저 1등급으로부터 최고 10등급으로 구분된 등고선에서 중간수준인 5등급에 위치하게 되는데, 식(5.12)에 의해 위험도를 산정하게 되면 발생확률 또는 영향도가 서로 균형을 유지하며 중간 위험도가 높게 평가되는 중간위험 집중현상을 보인다는 것을 알 수 있다. 이러한 중앙집중 현상을 정확하게 파악하기 위해 등고선별 위험도 면적을 계산하여 비교할 필요가 있다.

그림 5.9에서 k를 임의의 등고선이라 가정할 때 (P, C)의 좌표가 (1.0, 0.0)과 (0.0, 1.0)을 잇는 중앙 등고선을 기준으로 아랫부분과 윗부분의 등고선이 다르게 정의되므로 등고선별 위험도 면적도 다르게 계산해야 한다.

첫 번째는 중앙 등고선을 기준으로 아랫부분의 등고선은 식(5.13)과 정의할 수 있으며, 이를 영향도로 치환시키면 식(5.14)와 같다.

$$k = P + C \quad (0 < k \leq 1) \tag{5.13}$$

$$C = k - P \quad (0 < k \leq 1) \tag{5.14}$$

따라서 그림 5.9의 중앙 등고선 아랫부분의 삼각형 면적(S_k)은 식(5.14)을 0.0지점에서 k지점까지 적분하는 식(5.15)로 정리된다.

$$S_k = \int_0^k (k - P)\,dP = \left[kP - \frac{P^2}{2})\right]_{P=0}^{P=k} = \frac{k^2}{2} \quad (0 < k \leq 0) \tag{5.15}$$

두 번째는 중앙 등고선을 기준으로 윗부분의 등고선은 식(5.14)에 '1'을 더한 식(5.16)으로 정의할 수 있으며, 그림 5.9의 중앙 윗부분 등고선을 기준한 면적은 식(5.16)을 k지점에서 1.0지점까지 적분하는 식(5.17)로 정리된다.

$$C = (1 + k) - P \quad (0 < k \leq 1) \tag{5.16}$$

$$\int_k^1 (1 + k - P)\,dP = \left[(1 + k)P - \frac{P^2}{2})\right]_{P=k}^{P=1} = \frac{1 - k^2}{2} \quad (0 < k \leq 1) \tag{5.17}$$

그리고 그림 5.9의 k지점에서 1.0지점까지의 직사각형 면적은 식(5.18)과 같으므로, 중앙 윗부분 등고선 k를 기준한 삼각형 면적(S_k)은 식(5.18)에서 식(5.17)을 공제하는 식(5.19)와 같이 정리된다.

$$(1-k)\times 1 \tag{5.18}$$

$$S_k = (1-k)\times 1 - \frac{1-k^2}{2} = \frac{(1-k)^2}{2} \tag{5.19}$$

식(5.15))에서 k값을 0.0에서 0.2씩 증가시키며 1.0까지 계산한 후, 각각의 면적들에서 이전에 계산된 면적들을 공제하면 1등급에서 5등급까지의 위험도 개별 면적들이 계산되고, 식(5.19)에서도 k값을 0.0에서 0.2씩 증가시키며 1.0까지 계산한 후, 각각의 면적들에서 이후에 계산된 면적들을 공제하면 6등급에서 10등급까지의 위험도 개별 면적들이 계산된다. 이렇게 계산된 1등급에서 10등급까지의 위험도 개별 면적들을 막대그래프 형식으로 표시하면 그림 5.10과 같이 표현된다.

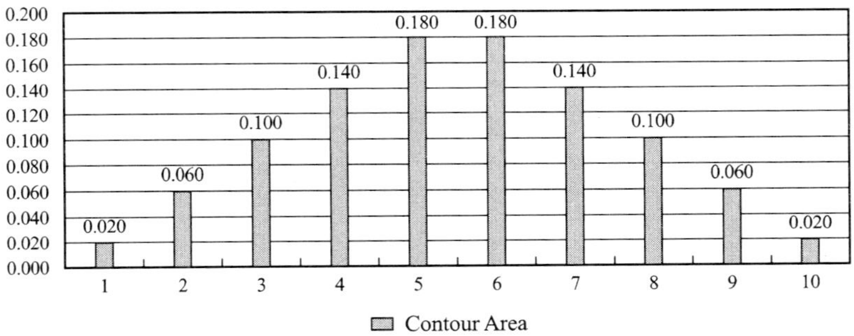

그림 5.10 위험도 식(5.12)를 기준한 위험도 면적

그림 5.10의 등급별 위험도 개별 면적 분포를 살펴보면, 전체 분포의 중앙인 5, 6등급에서 18%로 최고가 되고, 각각 1등급과 10등급의 2%까지 점차 감소되는 추세를 보여주고 있다. 이러한 결과로부터 위험도 산정식(5.12)는 높은 위험도가 중앙에 집중 분포되는 중앙집중형 위험도 산정 방법임을 확인할 수 있다. 즉 식(5.12)에 의한 위험도 결과값은 기존의 식(5.2)와 (5.8)의 결과 값들이 저위험도 또는 고위험도에 편중되어 극단적인 분포를 나타내는 것과는 달리 자연현상에 근접한 정규분포와 유사하게 중간위험도에 집중적으로 분포되고 있음을 알 수 있다.

(3) 중앙집중형 위험도 산정 공식($0 < C \le C_{\max}$)

위험도 산정식(5.12)는 영향도가 0.0에서 1.0이라는 제한된 조건에서 중앙에 집중되는 경향을 보이는 위험도 산정방법이다. 그러나 발생확률은 0.0에서 1.0 범위에 제한된다고 하더라도 영향도의 최대 한계값은 1.0으로 제한하지 않는 경우도 많다. 예를들어

Edwards(1995)는 조직에 가해지는 재무적 영향도(financial impact)를 1에서 6등급으로 구분하였고, Muclcahy(2003)는 사업예산의 초과범위를 1에서 10등급으로 구분하고 있으며, 더 나아가 예산의 초과범위를 금액 단위로 등급을 구분하거나, 공기의 초과범위를 지연일수 단위로 등급을 구분하는 경우도 많다.

그런데 영향도의 범위가 1.0을 초과할 경우 식(5.12)를 적용하여 계산한 위험도 결과값들은 정상분포 형태가 아니라 균등분포(uniform distribution)와 유사한 형태로 표현된다. 예를 들어 확률의 범위는 0.0에서 1.0이지만 영향도의 범위를 0.0에서 10.0이라 가정하고 식(5.12)를 적용하면 그 결과 값들은 그림 5.11과 같은 등고선으로 나타난다.

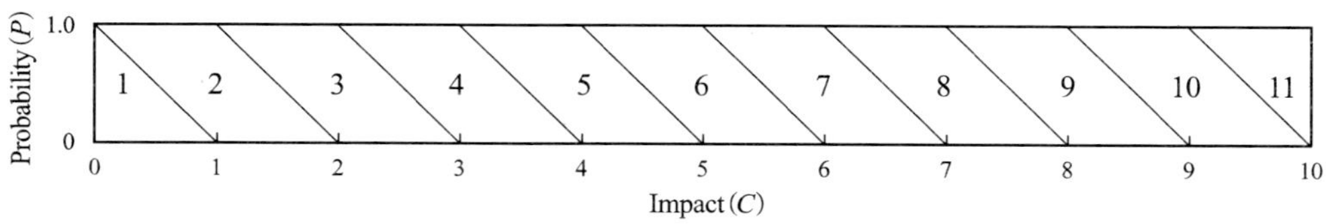

그림 5.11 위험도 식(5.12)를 기준한 위험등고선(0.0<C≤10.0)

그림 5.11의 등고선에서 1등급과 11등급은 정삼각형 면적, 2등급에서 10등급까지는 평행사변형 면적 산정식에 의해 간단하게 계산되며, 1등급에서 11등급까지의 개별 면적들을 막대그래프 형식으로 표시하면 그림 5.12와 같이 표현된다.

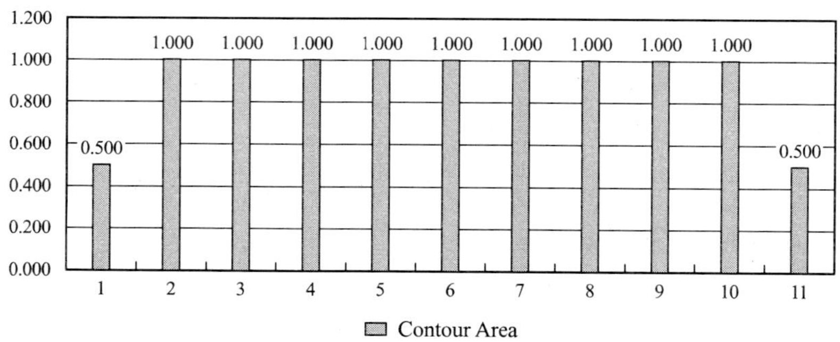

그림 5.12 위험도 식(5.12)를 기준한 위험도 면적(0.0<C≤10.0)

그림 5.12의 등급별 위험도 개별 면적 분포를 살펴보면 전체 분포의 좌·우측인 1등급과 11등급에서 5%로 최저가 되고, 중간의 2등급과 10등급까지는 10%의 균등한 분포를 보여주고 있다. 이러한 분포는 위험도 결과 값들이 확률보다 영향도 크기에 따라 더 큰 영향을 받을 수 있음을 추정할 수 있다. 식(5.12)에 의한 위험도가 영향도의 크기에 영

향을 받는다는 추정을 확인하기 위해 영향도의 범위를 그림 5.11에서 보다 10배 증가시켜 0.0에서 100.0이라 가정하고 식(5.12)를 적용하면 그 결과 값들은 그림 5.13과 같은 등고선으로 나타난다.

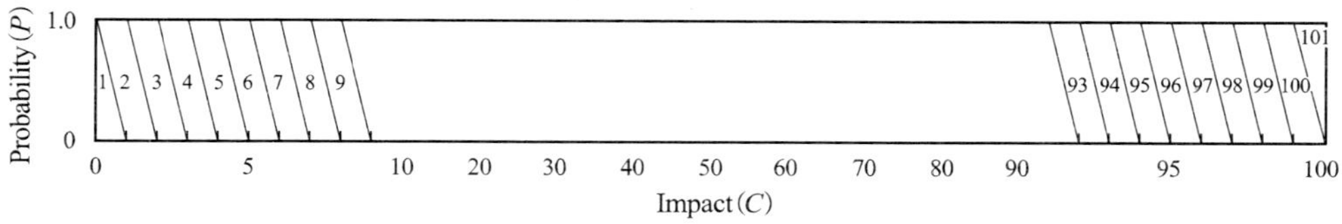

그림 5.13 위험도 식(5.12)를 기준한 위험등고선(0.0<C≤100.0)

그림 5.13에서 위험도 등고선들이 등급별로 거의 수직으로 표현되고 있어, 위험도 결과 값들이 영향의 크기에 따라 비례적으로 변화되고 있음을 분명하게 확인할 수 있다. 만약 위험도 결과 값이 그림 5.13과 같이 영향의 크기에 따라 비례적으로 변화된다면 새로운 식(5.12)를 통해 위험도 분포가 자연현상에 가까운 정상분포와 유사한 형태로 표현되도록 한다는 원래의 제안 목적에 부합되지 않게 된다. 따라서 영향의 범위가 1.0이상으로 확장되더라도 정상분포와 유사한 형태의 위험도 분포를 나타낼 수 있도록 식(5.12)를 수정할 필요가 있다.

저자는 위험요인별 발생확률의 추정범위를 0.0에서 1.0까지로 제한하고, 영향도의 추정범위는 0.0에서 영향도의 최대값인 $C_{\max}$까지로 확장할 경우, 위험도가 정규분포와 유사하게 중앙에 집중되는 경향을 보이는 산정방법으로, 위험요인 i의 발생확률(Pi)과 영향도 최대값($C_{\max}$)을 곱한 뒤 영향도(Ci)를 더한 값을 2로 나누어 위험도(RVi)를 계산하는 식(5.20)을 제안한다.

$$RV_i = \frac{P_i \times C_{\max} + C_i}{2} \tag{5.20}$$

식(5.20)은 발생확률의 범위를 영향도의 범위와 동일하게 확장시켜 위험도 결과 값들이 그림 5.9와 같은 정사각형에 분포시키도록 한다. 식(5.20)에서 발생확률을 0.0에서 1.0까지, 영향도를 0.0에서 $C_{\max}$까지 동일한 비율로 증가시키며 산정한 위험도 결과 값들을 정사각형에 등고선으로 표시하면 그림 5.14와 같이 표현된다.

그림 5.14에서 등급1로부터 N까지의 등고선은 그림 5.9와 동일하므로 그림 5.14을 기준한 등급별 위험도 면적분포 역시 그림 5.10과 동일하게 중간위험도에 집중적으로 분포되는 형태를 나타내게 된다. 결과적으로 식(5.12)가 발생확률과 영향의 범위를 0.0에서

1.0로 제한시킨 조건하에서 중앙집중형 위험도를 산정하는 기본식인데 반해, 식(5.20)은 영향의 범위를 무한정 확장시킬지라도 위험도 결과 값들이 변함없이 중간 위험도에 집중되는 중앙집중형 위험도 산정 일반식임을 확인할 수 있다.

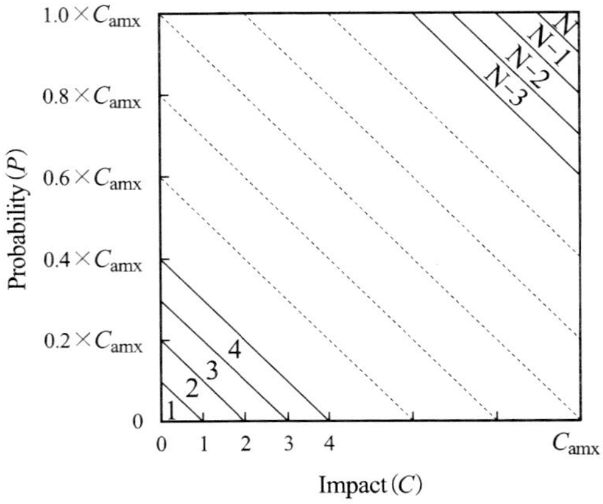

그림 5.14 위험도 식(5.20)을 기준한 위험등고선

(4) 중앙집중형 위험도 산정 공식 검증

정량적 위험분석에 적용되는 기존의 위험도 산정 공식인 식(5.2)와 식(5.8) 그리고 저자가 제안한 식(5.20)을 실제 사례에 적용하여 각 위험도 산정 공식의 결과 값들을 상호 비교함으로써 중앙집중형 위험도 산정 공식을 검증하고자 한다.

실제 사례로서 일반 건축공사에서 자주 발생하는 위험요인들중 3개를 발췌하여 각각에 대해 두 종류의 등급 범위를 적용한다. 첫 번째는 발생확률과 영향도 등급을 0.0에서 1.0범위까지 동일하게 적용하였을 경우로서 위험도를 산정한 결과는 표 5.7과 같다.

표 5.7 위험도 산정 공식 비교 $(0.0 < P_i \leq 1.0, 0.0 < C_i \leq 1.0)$

No.	위험요소	확률 (P_i)	위험도 (C_i)	위험도(RV_i)		
				식(5.2)	식(5.8)	식(5.20)
1	구조설계 변경	0.9	0.8	0.72	0.98	0.85
2	커튼월 구매 지연	0.4	0.6	0.24	0.76	0.50
3	동절기 콘크리트 타설로 품질저하	0.2	0.3	0.06	0.44	0.25

표 5.7에서 위험요인 1번은 상급 위험요인으로 발생확률이 0.9, 영향도가 0.8 로 평가되었을 경우, 식(5.2)에 의한 위험도는 0.72로서 그림 5.5의 등고선 기준 8등급에 해당

하고, 식(5.8)에 의한 위험도는 0.98로서 그림 5.7의 등고선 기준 10등급에 해당하며, 식(5.20)에 의한 위험도는 0.85로서 그림 5.9의 등고선 기준 9등급에 해당한다.

위험요인 2번은 중간급 위험요인으로 발생확률이 0.4, 영향도가 0.6으로 평가되었을 경우, 식(5.2)에 의한 위험도는 0.24로서 그림 5.5의 등고선 기준 3등급에 해당하고, 식(5.8)에 의한 위험도는 0.76으로서 그림 5.7의 등고선 기준 8등급에 해당하며, 식(5.20)에 의한 위험도는 0.50로서 그림 5.9의 등고선 기준 5등급에 해당한다.

위험요인 3번은 하급 위험요인으로 발생확률이 0.2, 영향도가 0.3으로 평가되었을 경우, 식(5.2)에 의한 위험도는 0.06로서 그림 5.5의 등고선 기준 1등급에 해당하고, 식(5.8)에 의한 위험도는 0.44으로서 그림 5.7의 등고선 기준 5등급에 해당하며, 식(5.20)에 의한 위험도는 0.25로서 그림 5.9의 등고선 기준 3등급에 해당한다.

이와 같은 결과로부터 식(5.2)은 저위험에 편중되는 위험도를 나타내고, 식(5.8)은 고위험에 편중되는 위험도를 나타내는 반면, 식(5.20)은 중간위험에 집중되는 위험도를 나타내는 것을 확인할 수 있다.

두 번째는 발생확률 등급은 0.0에서 1.0범위이지만 영향도 등급은 0.0에서 10.0범위까지 확장시켜 적용하였을 경우로서 위험도를 산정한 결과는 표 5.8과 같다. 영향도의 등급범위를 첫 번째 경우보다 10배 증가시키면 최고 위험도는 10.0이 되며, 위험등급은 위험도를 0.0에서 10.0까지 1.0단위로 분할할 경우 최저 1등급에서 최고 10등급으로 구분된다.

표 5.8 위험도 산정 공식 비교 $(0.0 < P_i \le 1.0, 0.0 < C_i \le 10.0)$

No.	위험요인	확률 (P_i)	영향 (C_i)	위험도 RV_i)		
				식(5.2)	식(5.8)	식(5.20)
1	구조설계변경	0.9	8	7.2	1.7	8.5
2	커튼월 구매지연	0.4	6	2.4	4.0	5.0
3	동절기 콘크리트 타설로 품질저하	0.2	3	0.6	2.6	2.5

표 5.8에서 위험요인 1번의 경우 식(5.2)에 의한 위험도는 7.2로서 8등급에 해당하고, 식(5.8)에 의한 위험도는 1.7로서 2등급에 해당하며, 식(5.20)에 의한 위험도는 8.5로서 9등급에 해당한다.

위험요인 2번의 경우 식(5.2)에 의한 위험도는 2.4로서 3등급에 해당하고, 식(5.8)에 의한 위험도는 4.0으로서 4등급에 해당하며, 식(5.20)에 의한 위험도는 5.0로서 5등급에 해당한다.

위험요인 3번의 경우 식(5.2)에 의한 위험도는 0.6로서 1등급에 해당하고, 식(5.8)에 의한 위험도는 2.6으로서 3등급에 해당하며, 식(5.20)에 의한 위험도는 2.5로서 3등급에 해당한다.

이와 같은 결과로부터 식(5.2)은 첫 번째 경우와 동일하게 저위험도에 편중되고 있으며, 식(5.8)은 위험도의 값이 심각하게 왜곡되고 있어 영향도의 범위가 1.0을 초과할 경우 위험도 산정공식으로서 의미를 거의 상실하여 신뢰할 만한 위험도를 계산할 수 없으며, 식(5.20)은 영향도의 범위가 1.0을 초과하여도 첫 번째 경우와 동일하게 중간위험에 집중되는 현상을 나타내고 있음을 확인할 수 있다.

5.5.4 위험도 산정 방법의 선택

정성적 위험분석단계에서 위험도 산정방식을 기존의 저위험 편중형 또는 고위험 편중형, 아니면 저자가 제안한 중앙집중형 산정 방법중 택일하는 것은 온전히 건설사업 수행주체들이 결정할 사안이다. 다만 각각의 위험도 산정 방식에 의한 위험도 결과 값들이 서로 상이하므로 위험관리 전체 프로세스가 어떤 목표를 이루고자 하는지에 따라 신중하게 선택할 필요가 있다.

특히 위험도 산정 방식이 위험분석단계 이후의 위험관리 프로세스들인 위험대응단계와 위험추적 및 통제 단계에 막대한 영향을 미칠 수 있으므로, 위험관리계획을 수립하는 단계에서 기본적으로 적용되는 위험도 산정 방법뿐만 아니라 필요에 따라 위험의 유형별로 어떤 위험도 산정 방법을 선택할 지도 결정해야 할 것이다.

5.6 정성적 위험분석 결과물

5.6.1 갱신된 위험등록부(updated risk register)

위험등록부는 위험인지과정동안 초기화된다. 위험등록부는 정성적 위험분석의 정보로부터 갱신되고, 갱신된 위험등록부는 사업관리계획에 포함된다. 정성적 위험분석으로부터 갱신된 위험등록부는 다음 사항들을 포함한다.

(1) 사업위험의 상대적 우선순위 또는 우선순위 목록

확률과 영향 매트릭스는 각각의 특성에 따라 위험요인을 분류하는데 사용한다. 사업책임자는 대응할 경우 더 나은 결과를 가져다 줄 수 있는 사업에 높은 영향을 미치는 항목들에 초점을 맞추기 위해 우선순위 목록을 필요로 한다. 위험요인들은 사업목표들인 비용, 공정, 품질을 위해 개별적으로 우선순위가 목록화될 수 있는데 이 경우는 조직이 하나의 사업목표에 집중해서 가치를 두기 때문이다. 사업에 중요한 위험요인들은 평가된 확률과 영향의 근거에 대한 설명을 포함해야 한다.

(2) 목록들에 의해 그룹화된 위험요인들

위험의 목록화는 위험의 공통 근본원인 또는 특별한 관심이 필요한 사업분야를 나타낸다. 위험의 집중을 발견하는 것은 위험대응의 효율성을 증진시킬 수 있다.

(3) 가까운 기간내에 대응이 요구되는 위험요인 리스트

긴급한 대응이 필요한 위험요인들과 나중에 처리해도 되는 위험요인들은 다른 그룹으로 구분되어야 한다.

(4) 추가적인 분석 및 대응이 필요한 위험요인 리스트

일부 위험요인들은 정량적 위험분석을 포함하는 추가적인 분석과 대응계획이 필요할 수 있다.

(5) 낮은 우선순위 위험요인 리스트

정성적 위험분석과정에서 중요한 것으로 평가되지 않은 위험요인들은 지속적인 추적을 위해 관찰리스트(watch-list)에 입력될 수 있다.

(6) 정성적 위험분석결과들의 경향

분석이 반복됨에 따라 특정 위험요인들의 경향은 분명해지며, 위험대응계획 또는 추가적 분석이 긴급하거나 중요하게 될 수 있다.

5.7 정성적 위험분석 실제 사례

5.7.1 정성적 위험분석 업무프로세스

4.5.2절의 위험인지 업무 프로세스의 대상인 개발사업에서 등급판정법에 의한 정성적 위험분석 업무프로세스를 기술하면 다음과 같다.

- 위험평가그룹은 위험인지 단계에서 분석하기로 결정된 위험요인의 발생확률과 영향을 각각 독립적으로 등급 판정한다.
- 판정된 발생확률과 등급은 산술평균하고 표준편차를 계산한다.
- 산술 평균된 발생확률과 등급을 곱하여 위험도를 계량화한다.

- 추가적인 정량적 위험분석의 필요성을 판단하고, 만약 정량적 위험분석이 필요할 경우 정량적 위험분석단계로 진행하고, 정량적 위험분석이 필요하지 않을 경우 위험대응계획단계로 진행한다.

그림 5.15는 개발사업의 등급판정법에 의한 정성적 위험분석 업무프로세스를 도식적으로 표현하고 있다.

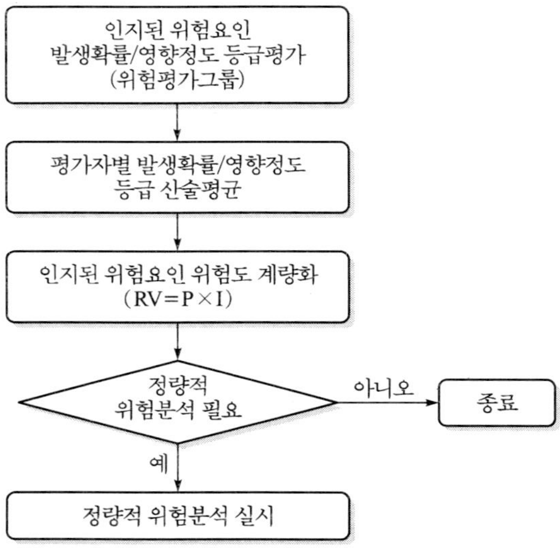

그림 5.15 정성적 위험분석단계 업무 프로세스

5.7.2 정성적 위험분석 전산시스템

(1) 정성적 위험분석 화면

정성적 위험분석 화면은 위험인지단계에서 인지된 위험요인들에 대해 정성적 위험분석을 실시하는 화면과 위험분석결과를 조회하는 화면으로 구성된다. 위험인지단계의 위험요인 입력화면에서 분석단계로 이관된 위험요인들은 위험평가그룹의 평가자들이 위험분석 화면으로 로그인하면 자동으로 나타난다.

위험분석 화면에서는 사업명, 담당임원, 위험관리담당자, 위험요인 등록번호, 위험인지일자, 위험인지자, 그리고 위험요인 요약 필드는 위험요인 입력 화면에서 입력한 내용들이 자동으로 나타난다, 그림 5.16에서 정성적 위험분석의 대상이 되는 위험요인은 그림 4.12에서 입력한 위험등록번호 '20101018005'로서 토공사 공종의 '민원으로 인한 공사중단' 위험요인이다.

위험평가자 3인 '홍길동', '박찬호', '윤수일'이 독립적으로 해당 위험요인이 발생할 확률과 손실비용을 입력하면 발생확률의 산술평균 및 표준편차, 손실비용의 산술평균 및 표준편차가 자동으로 계산되어 최종 위험도가 산정된다. 그림 5.6에서 위험평가자 '홍길동'이 발생확률등급을 입력시키기 위해 발생확률 필드 우측 삼각형에 마우스를 위치시키면 '0%'에서 '100%'까지 10등급으로 발생확률을 팝업(pop-up)되며 '손실비용' 필드에는 '1' 등급에서 '6' 등급까지 팝업되어 손실등급을 입력할 수 있는데 '홍길동'은 발생확률은 '60%' 등급을 선택하고 손실은 '4' 등급을 입력한 결과를 보여주고 있다.

'홍길동'이 위험분석결과 입력사항을 다시 확인하고 우측 상단의 '저장' 버튼을 누르면 평가결과는 저장된다. 위험평가자 '박찬호', '윤수일'도 동일한 방법으로 모두 입력하고 나면 해당 위험요인의 발생확률의 산술평균 '53.3%' 표준편차 '5.8%'가 계산되고, 손실등급은 산술평균 '3.67' 표준편차 '0.58'로 계산되어 최종위험도는 발생확률과 손실등급을 곱한 값 '1.96'이 자동으로 계산된다.

'분석일자' 필드는 최종위험도가 산정된 일자가 자동으로 입력되며 '비고' 필드는 위험평가자들이 입력하는 내용으로 그림 5.16에는 '보상비 증가에 따른 사업비 증가 및 공기지연 예상'이 입력되어 있으며 위험평가자들이 위험을 분석할 때 참고하게 된다. 이상과 같이 정성적으로 분석된 결과는 위험평가자들이 모두 조회할 수 있다.

그림 5.16 정성적 위험분석 화면(1)

그림 5.17은 그림 4.13에서 입력한 위험요인의 발생확률과 손실등급을 평가하는 정성적 위험분석 화면으로서 위험분석 대상 위험요인은 위험등록번호 '20101018008'로서 철근콘크리트공사 공종의 '현장조건과 설계 불일치'이다.

위험평가자는 그림 5.17과 동일하며, 평가자들이 독립적으로 해당 위험요인 발생할 확률과 손실비용을 입력한 결과 해당 위험요인의 발생확률의 산술평균 '86.7%' 표준편차 '5.8%'로 계산되고, 손실등급의 산술평균 '3.33' 표준편차 '0.58'로 계산되어 최종위험도는 발생확률과 손실등급 산술평균을 곱한 '2.89'가 산정되었다.

그림 5.17 정성적 위험분석 화면(2)

(3) 정성적 위험분석 현황 조회 화면

그림 5.18은 정성적 위험분석 현황을 조회하는 화면으로서 화면 상단 위험분석 리스트 아이콘을 선택하면 나타나는 화면이다.

사업명, 담당임원, 위험관리담당자는 자동으로 나타나며 위험분석을 실시한 모든 위험요인들이 나열된다.

그림 5.18은 위험분석을 실시한 일자, 위험요인, 발생확률, 손실비용, 위험도, 인지자의 목록을 보여주고 있다.

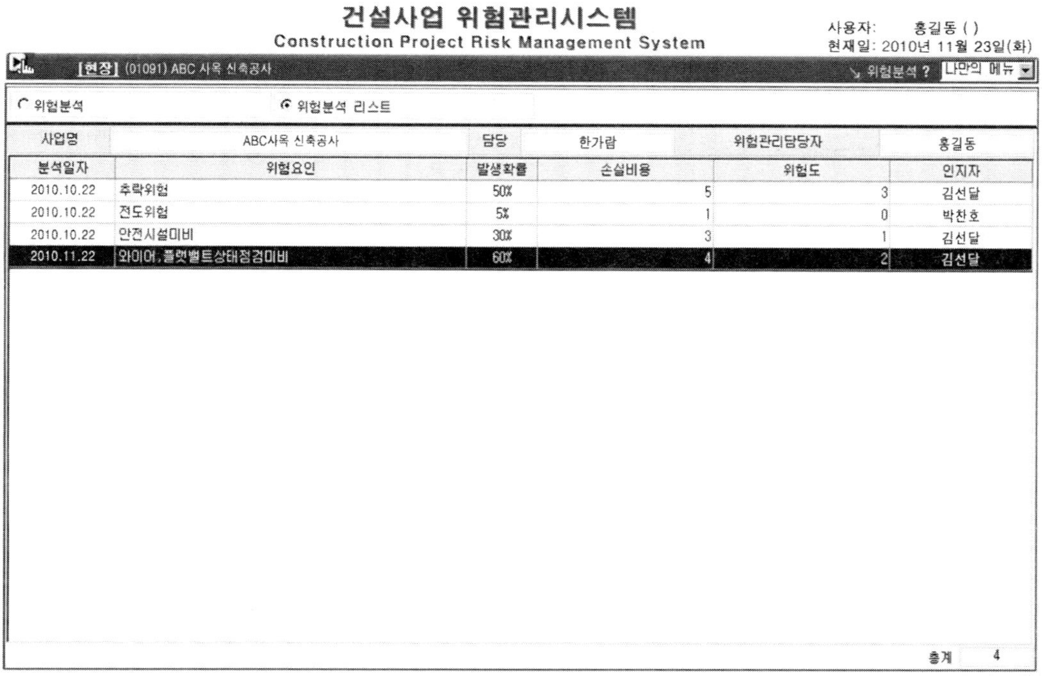

그림 5.18 정성적 위험분석 현황 조회 화면

제6장 정량적 위험분석

6.1 정량적 위험분석 개요

정량적 위험분석은 인지된 위험요인들의 발생확률과 영향의 정도를 통계확률분석기법을 적용하여 수치적으로 계량화하는 방법이다. 이 분석방법은 인지된 위험요인을 계량화 시키기 위한 객관적인 자료가 충분하거나 반복적인 형태의 위험요인일 경우 적용되는 방식으로 수학적 전문지식이 요구된다.

PMBOK(2004)에서 정량적 위험분석을 다음과 같이 기술하고 있다. 정량적 위험분석은 정성적 위험분석 과정에서 우선순위가 결정된, 사업의 경쟁되는 요구에 잠재적이며 실질적으로 영향을 주는 위험요인들에 대해 실행된다. 정량적 위험분석 과정은 위험요인들의 효과를 분석하고 수치적인 등급을 할당하는 것이며, 또한 불확실성이 존재할 때 의사결정하는 정량적 접근방법을 제안한다.[1] 이러한 과정은 다음과 같은 결과를 도출하기 위하여 몬테카를로 시뮬레이션(monte carlo simulation)과 의사결정구조(decision tree)와 같은 기법을 적용한다.

- 사업의 가능한 결과와 그들의 확률을 수량화하기 위하여
- 특정 사업의 목표를 성취하기 위한 확률을 평가하기 위하여
- 전체 사업 위험에 미치는 상대적인 영향의 정도를 수량화하여 가장 큰 관심이 요구되는 위험요인들을 선택하기 위하여
- 사업위험들이 존재할 때 실질적이며 성취 가능한 비용, 공정 또는 범위 목표들을 명확히 하기 위하여
- 일부 조건들 또는 결과들이 불확실할 때 가장 최선의 사업관리 의사결정을 위하여

1) PMI, A Guide to the Project Management Body of Knowledge (PMBOK Guide) 2004 Edition

정량적 위험분석은 경험이 많은 사업책임자가 위험인지 후에 바로 실행하는 경우도 있지만 일반적으로 정성적 위험분석과정 다음 단계로 수행된다. 어떤 경우에는 정량적 위험분석이 효율적인 위험대응을 위해 필요하지 않을 수 있다. 시간과 예산의 가용성 그리고 위험과 영향에 대한 정량적 설명이 필요할 때 적용한다. 정량적 위험분석에 소비되는 시간과 노력은 의사결정을 위한 정보를 향상시킬 수 있지만 의사결정은 항상 불완전한 자료에 기초하고 있다. 정량적 위험분석에는 항상 비용이 요구되므로 투자되는 노력 대비 필요성의 균형을 생각해야 한다. 즉 복잡한 사업에서 복잡한 의사결정이 필요할 경우 정량적 위험분석에 더 많은 시간이 투자되어야 하지만, 단기간이거나 복잡하지 않고 중요도가 떨어지는 사업에 정량적 분석을 위해 많은 시간을 투자할 필요는 없다.[2)]

정량적 위험분석은 위험대응계획을 수립한 이후 그리고 전체 사업위험이 만족스럽게 감소되었는지 판단하기 위해 위험 추적 및 통제의 일부로서 반복될 수 있다. 정량적 위험분석단계를 PMBOK(2004)를 참고하여 입력사항, 도구 및 기법, 결과물로 구분하여 도식적으로 표현하면 그림 6.1과 같다.

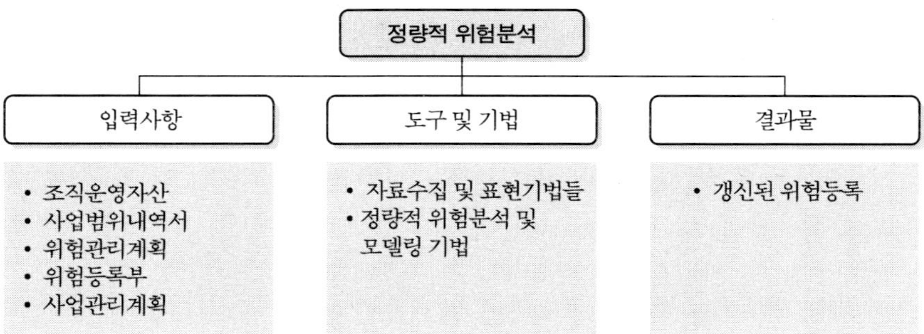

그림 6.1 정량적 위험분석단계

2) Rita Mulcahy, "Risk Management, Tricks of the Trade of Porject Managers", RMC Publications, Inc., 2003

6.2 정량적 위험분석 입력사항

6.2.1 조직운영자산(organizational process assets)

과거 완성된 유사 사업에 대한 정보, 위험관리 전문가에 의한 유사 사업들에 대한 연구, 그리고 산업 또는 등록된 자료들로부터 활용 가능한 위험관련 데이터베이스는 정량적 위험분석과정에 활용될 수 있다.

6.2.2 사업범위내역서(project scope statement)

일반적으로 반복되는 형태의 사업들은 보다 잘 정의된 위험들을 보유하는 경향이 있다. 그러나 최신 또는 최고의 기술이 적용되는 매우 복잡한 사업들은 더 많은 불확실성을 갖는 경향이 있다. 이러한 경향들은 사업범위내역서 검토를 통해 평가될 수 있다.

6.2.3 위험관리계획(risk management plan)

정량적 위험분석을 위한 위험관리계획의 주요 요소들은 위험관리를 수행하기 위한 역할과 책임, 위험관리를 위한 예산 및 공정관리 활동, 위험요인 목록, 위험분류체계(RBS), 그리고 이해관계자들의 수정된 위험허용도를 포함한다.

6.2.4 위험등록부(risk register)

정량적 위험분석을 위한 위험등록부의 주요 요소들은 인지된 위험요인 리스트, 사업위험의 상대적인 우선순위 리스트, 그리고 목록에 의해 그룹화된 위험요인들을 포함한다.

6.2.5 사업관리계획(project management plan)

사업관리계획은 사업공정관리계획(project schedule management plan)과 사업비용관리계획(project cost management plan)을 포함한다.

6.3 정량적 위험분석 도구 및 기법

6.3.1 자료 수집과 표현 기법(data gathering and representation techniques)

(1) 인터뷰(interviewing)

인터뷰법은 사업목표에 대한 위험요인들의 확률과 영향을 수량화하는데 사용된다. 필요한 정보는 사용할 확률분포들의 형태에 따라 다르다. 예를 들어, 확률분포 정보는 일반적으로 낙관적(optimistic, low), 비관적(pessimistic, high), 그리고 가장 가능성 높은(the most likely) 각본(scenario)에 따라, 또는 평균과 표준편차로 수집된다. 위험범위의 근거에 대한 문서화는 인터뷰의 중요한 구성요소이다. 왜냐하면 문서화는 분석의 사실성과 신뢰성에 대한 정보를 제공하기 때문이다.

(2) 확률분포(probability distributions)

연속확률분포(continuous probability distributions)는 공정작업들의 공기와 사업 구성요소들의 비용과 같은 값들에 대한 불확실성을 표현한다. 이산분포(discrete distributions)는 시험의 결과 또는 의사결정구조 내에서 가능한 각본과 같은 불확실한 사건들을 표현하는데 사용된다.

확률분포법은 인지된 위험요인의 발생 가능성을 특정 등급 또는 변수로 표현할 수 없는 경우 발생확률의 범위와 분포형태로 표현하는 방법이다. 따라서 이 방법으로 확률을 표현하기 위해서는 해당 위험요인의 발생범위와 분포형태를 표현할 수 있을 만큼 과거로부터 반복적으로 발생되어온 특징과 충분한 객관적 자료가 확보되어야 한다. 또한 확률분포법은 특정 위험요인의 확률변화에 따른 민감도 분석(sensitivity analysis), 몬테카를로 시뮬레이션(monte carlo simulation)을 실시하고자 할 때 매우 유용하다.

위험발생확률을 분포형태로 표현하기 위해서는 확률분포의 유형에 대한 기본 지식이 필요하다. 확률분포유형은 크게 이산분포(discrete distribution)와 연속분포(continuous distribution) 형태로 구분한다. 이산분포 형태는 경험자료를 정수형태로 표현할 때 적용하고, 연속분포 형태는 경험자료가 정수로 표현되지 않을 경우에 적용한다.

이론적 위험발생 확률분포 유형은 매우 다양하지만 건설공사에 적용할 수 있는 분포유형은 실무적인 차원에서 제한될 수밖에 없다. 그러나 경험자료나 빈도의 특수성으로 인해 상기와 같은 확률분포로 표현할 수 없을 경우 특수한 확률분포유형도 적용할 수 있다. 건설사업의 정량적 위험분석에 적용되는 일반적인 확률 분포는 균등분포, 정규분포, 베타분포, 삼각분포이며 각각에 대한 정의는 다음과 같다.

첫째, 균등분포(uniform distribution)는 확률분포 유형 중 가장 단순한 형태로서, 분포의 최소값과 최대값 사이의 확률이 모두 동일하게 그림 6.2와 같이 표현된다. 균등분포의 확률밀도함수와 평균, 분산의 계산식은 다음과 같다.

밀도함수 $f(x) = \dfrac{1}{b-a} \qquad (a < x < b)$

$(a$: 최소값, b : 최대값)

평균 $\mu = \dfrac{a+b}{2}$

분산 $\sigma^2 = \dfrac{(b-a)^2}{12}$

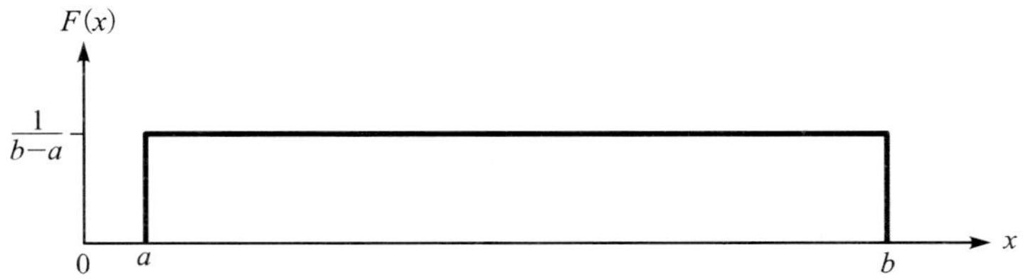

그림 6.2 균등분포

둘째, 정규분포(normal distribution)는 가장 보편적으로 활용되는 확률분포로서 평균값을 중심으로 대칭되는 종모양의 분포형태이다. 정규분포는 평균값과 표준편차로 표현되는 두 개의 변수로 그림 6.3과 같이 표현되며, 확률밀도함수와 평균, 분산의 계산식은 다음과 같다.

밀도함수 $f(x) = \dfrac{1}{\sqrt{2\pi\sigma^2}} \exp\left(-\dfrac{(x-\mu)^2}{2\sigma^2}\right)$

평균 $\mu = \Sigma x f(x)$

분산 $\sigma^2 = \Sigma (x-\mu)^2 f(x)$

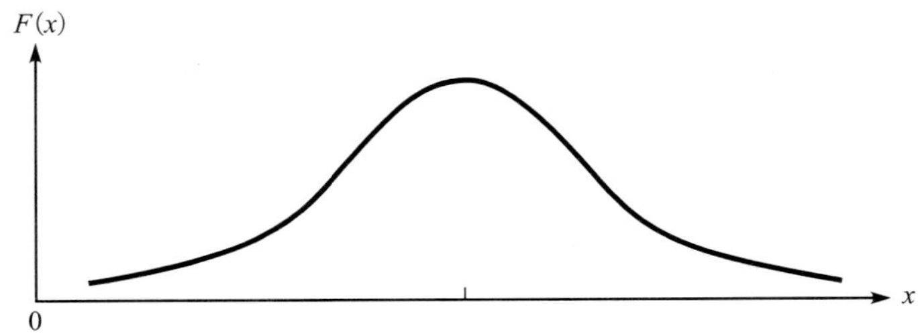

그림 6.3 정규분포

셋째, 베타분포(beta distribution)는 정규분포처럼 평균값을 중심으로 대칭되는 것이 아니라 중심이 좌측 또는 우측으로 편중되는 분포형태로서 그림 6.4와 같이 표현된다. PERT(project evaluation and review technique)의 공기, 범위견적(range estimate)시 견적범위들을 표현할 때 많이 활용되며, 확률밀도함수와 평균, 분산의 계산식은 다음과 같다.

밀도함수 $f(x) = \dfrac{1}{B(p,\ q)} X^{p-1}(1-X)^{q-1} \qquad (a \le X \le b\ ;\ p, q > 0)$

평균 $\mu = \dfrac{a + 4m + b}{6} \qquad (a$: 최소값, b : 최대값, m : 가능성 높은 값)

분산 $\sigma^2 = \dfrac{(b-a)^2}{6}$

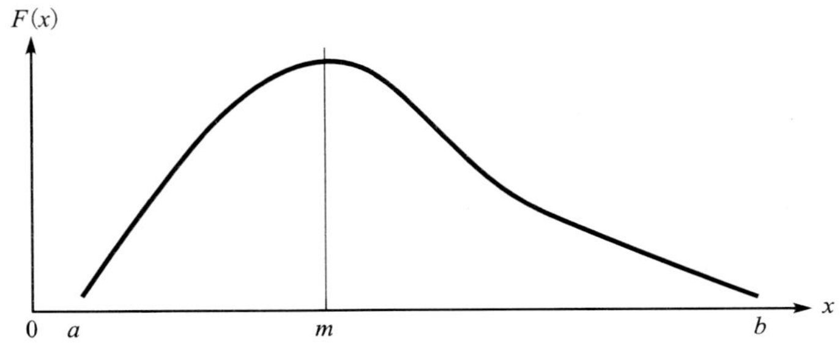

그림 6.4 베타분포

넷째, 삼각분포(triangular distribution)는 분포의 최소값, 최대값, 가장 가능성 높은 값을 연결하는 삼각형의 분포형태로 그림 6.5와 같이 표현된다. 이 분포는 가장 가능성이 높은 값의 발생빈도가 클 경우 적용되며, 확률밀도함수와 평균, 분산의 계산식은 다음과 같다.

밀도함수 $f(x) = \dfrac{2(x-a)}{(b-a)(c-a)} \qquad (a \le x \le b)$

$f(x) = \dfrac{2(c-x)}{(c-a)(c-b)} \qquad (b < x \le c)$

(a : 최소값, b : 가능성 높은 값, c : 최대값)

평균 $\mu = \dfrac{a + b + c}{3}$

분산 $\sigma^2 = \dfrac{(a^2 + b^2 + c^2 - ab - ac - bc)}{18}$

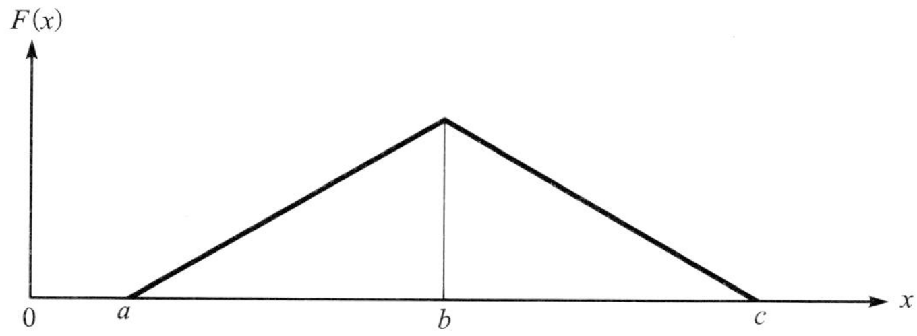

그림 6.5 삼각분포

6.3.2 정량적 위험분석 및 모델링 기법 (quantitative risk analysis and modelling techniques)

정량적 위험분석 및 모델링을 위해 가장 일반적으로 사용하는 기법들은 단순견적법, 민감도분석법, 몬테카를로 시뮬레이션법, 의사결정구조법 등이다.

(1) 단순견적법(simple estimate)

단순견적법은 인지된 위험요인의 영향의 정도를 판정할 때, 충분한 객관적 자료를 기반으로 수학적 분석기법을 활용하여 위험으로 인한 손실을 확률적으로 추정하지 않고 일반적인 적산 전문지식을 활용하여 단정적으로 추정하는 방법이다. 단순견적법에 적용되는 적산 전문지식은 입찰견적, 실행견적, 설계변경시 변경공사비 산정방법과 동일하다. 따라서 건설공사 견적 실무경험을 갖춘 사람이라면 누구나 쉽게 활용할 수 있는 방법이다. 다만 단순견적시 견적자의 주관적 판단으로 인한 오류 또는 착오로 인해 오차가 발생할 수 있으므로 이를 보완하기 위하여 충분한 실무경험을 갖춘 견적실무자에 의해 객관적 관점에서 위험으로 인한 손실을 추정할 필요가 있다. 단순견적시 위험으로 인한 손실추정의 신뢰성과 검증 용이성을 향상시키기 위하여 손실 추정부문을 자재, 노무, 경비 등으로 상세하게 구분하고, 부문별 손실추정 산정근거를 명확히 제시한다면, 제3자에 의한 검증이 용이할 뿐만 아니라 추정치의 결과에 대한 신뢰성을 향상시킬 수 있을 것이다.

(2) 민감도분석법(sensitivity analysis)

민감도분석법은 가장 단순한 유형의 위험분석기법으로 입력변수 또는 매개변수 값의 변화에 따른 결과 값의 영향, 즉 민감도를 단정적으로 측정하는 방법이다. 이 방법은 단정적 결과 값을 갖는 모델(model)을 설정하고, 모델내 입력변수 변화 값에 따른 결과 값의 효과, 즉 민감도를 분석하는 것으로 결과 값은 보통 표(tables) 또는 스파이더그래프

(spider graph)로 나타낸다. 그러나 민감도 분석시 많은 입력변수와 조합은 비현실적인 값을 도출할 수 있으므로 입력변수는 독립된 변수(independent variable)로 해야 한다.

위험분석에서 민감도분석법을 적용할 때 평가자는 우선적으로 분석하고자 하는 위험분석모델을 설정해야 한다. 위험분석모델 작성 예는 다음과 같다. 만약 사업초기단계에서 사업의 타당성을 분석하고자 할 경우, 사업 총지출과 수입항목을 정하여 각각의 월별 또는 연도별로 현금흐름표(cash flow)를 작성하는 것이다. 모델이 설정되면 입력변수와 도출되는 결과 값을 정의해야 한다. 즉 평가자는 사업타당성 분석 항목 중 불확실성이 큰 항목을 입력변수로 정하고 입력변수의 변화 범위와 변화 형태를 정의하고 이를 반복적으로 모델에 대입시키면 입력변수의 변화에 따라 사업타당성의 결과 값은 변화하게 된다. 평가자는 최종적으로 사업타당성 결과 값의 민감도를 평가하여 사업타당성에 대한 결론을 내리게 되는 것이다.

(3) 몬테카를로 시뮬레이션법(monte carlo simulation)

몬테카를로 시뮬레이션은 난수발생기(random number generator)를 통해 데이터를 창출하는 과정으로, 몬테카를로 시뮬레이션법은 알려진 또는 가정된 확률분포를 갖는 불확실한 변수들을 포함하는 문제를 모델화시키고, 난수발생기를 통해 실제상황을 반복적으로 구현함으로써 현실적으로 실현시킬 수 없는 상황을 예측하는데 활용하는 확률적 분석기법이다.

몬테카를로 시뮬레이션법을 적용하기 위해서는 민감도분석법과 유사하게 위험분석모델을 설정해야 한다. 그러나 몬테카를로 시뮬레이션법은 민감도분석법과는 달리 독립된 입력변수를 변화시켜 결과 값을 평가하는 것이 아니라, 모델내 불확실성을 갖는 모든 변수들을 가정하고, 가정된 변수는 특정한 확률분포형태로 정의한다. 모델이 완성되면 변수들에 난수를 부여하며 반복시킴으로써 모델 전체의 변화를 확률적으로 예측하는 것이다. 몬테카를로 시뮬레이션법을 통해 위험을 분석할 경우, 위험인자를 포함하는 변수들에 대한 확률분포 및 형태가 정의되어야 하므로 위험발생확률은 사전에 정의되어야 한다. 따라서 이 방법은 위험발생확률만을 평가하는 방법으로 적합하지 않다. 다만 모델 내의 변수들의 변화에 따라 모델의 최종 영향의 정도, 예를 들면 공기지연일수, 공사초과비용 등을 확률적으로 평가하는 방법으로 매우 효과적이다.

(4) 의사결정구조법(decision making tree)

의사결정구조법은 의사결정과정에서 최적의 대안을 평가하기 위하여 추정 가능한 모든 대안들과 대안들의 단계별 시나리오(scenario)를 포함하는 의사결정구조(decision making tree), 즉 의사결정모델을 구축하고 대안들의 시나리오를 단계별로 전진시키며 최고의 기대값(expected monetary value)을 갖는 대안을 선택하는 의사결정지원에 적용되는 방법이다.

의사결정구조법의 대안별 기대값은 시나리오별 예상값(estimated monetary value)과 발생확률의 곱으로 산출되므로 시나리오별 위험도를 분석하는 방법과 유사하다. 그러나 위험분석관점에서 보면 시나리오별 예상값과 발생확률 추정이 먼저 선행되어야 하고 이를 통해 기대값이 계산되는 것인데, 의사결정구조법은 시나리오별 발생확률과 예상값은 이미 산정된 것으로 판단하고 이들의 곱인 기대값으로 의사결정을 위한 최적 대안을 추정하는 방법이므로 순수한 위험도 분석법이라 할 수 없다.

6.4 정량적 위험분석 결과물

6.4.1 갱신된 위험등록부(updated risk register)

위험등록부는 위험인지과정동안 개발된다. 위험등록부는 정성적 위험분석 정보로부터 갱신되고, 정량적 위험분석에서 좀 더 갱신된다. 갱신되는 내용은 다음과 같다.

(1) 사업의 확률 분석

사업 완료 가능 일자와 관계된 잠재적 비용은 견적을 통해 산출된다. 일반적으로 누적 분포로 표현되는 이러한 결과는 비용과 공기, 비상예비비를 정량화시키며 위험 허용도와 비교된다. 이러한 비상예비비는 위험요인으로 인해 초과될 수 있는 조직에서 허용되는 수준의 사업목표를 설정하는데 활용된다.

(2) 비용과 공기 목표를 성취하기 위한 확률

사업 위험요인들과 함께 현재 계획아래에서 사업목표를 성취할 수 있는 확률은 정량적 위험분석 결과를 활용하여 산정한다.

(3) 수량화된 위험요인들의 우선순위화 된 리스트

위험요인들의 리스트는 사업에 대한 최악의 위협 또는 최고의 기회를 표현하는 것을 포함한다. 이것들은 주공정선(critical path)에 가장 큰 영향을 주는 최대의 비용 비상예비비가 필요한 위험요인들을 포함하고 있다.

(4) 정량적 위험분석 결과 경향

정량적 위험분석을 반복할수록 위험대응에 영향을 미치는 결론을 분명하게 도출할 수 있게 된다.

6.5 정량적 위험분석 실제 사례

6.5.1 단순견적법 예

단순견적법의 간단한 예로서 토공사 공종에서 흙막이가 변형될 수 있는 위험요인이 인지되었으며, 위험도는 금액으로 분석되어야 한다고 가정하자. 이 경우 발생확률은 등급으로 판정하지만 위험으로 인한 영향은 금액으로 평가되어야 한다. 위험으로 인한 영향을 흙막이 공사 실무와 견적 경험이 있는 전문가에게 흙막이 변형시 이를 원상회복시키는데 소요되는 비용을 개략 견적으로 의뢰한 결과, 노무비 750만 원, 자재비 2,500만 원, 경비 300만 원이 소요되어 총 비용은 3,050만 원으로 평가되었다. 견적 결과에 대해 전문가가 검토한 결과 타당한 것으로 평가되었다. 이와 같이 단순견적법은 통계확률적 방법이 아닌 전문가들의 경험에 의해 단순하게 위험으로 인한 영향도를 견적하는 방법으로 산정된 영향도에 대해 검토와 합의에 이르는 노력과 시간이 절약될 수 있다.

6.5.2 민감도분석법 예

위험분석에서 민감도분석법을 적용할 때 평가자는 우선적으로 분석하고자 하는 위험분석모델을 설정해야 한다. 위험분석모델 작성 예는 다음과 같다. 만약 사업초기단계에서 사업의 타당성을 분석하고자 할 경우, 사업 총지출과 수입항목을 정하여 각각의 월별 또는 연도별로 현금흐름표를 작성하는 것이다. 모델이 설정되면 입력변수와 도출되는 결과값을 정의해야 한다. 즉 평가자는 사업 타당성 분석 항목중 불확실성이 큰 항목을 입력변수로 정하고 입력변수의 변화범위와 변화형태를 정의하고 이를 반복적으로 모델에 대입시키면 입력변수의 변화에 따라 사업 타당성의 결과 값은 변화하게 된다. 평가자는 최종적으로 사업 타당성 결과 값의 민감도를 평가하여 사업 타당성에 대한 결론을 내리게 되는 것이다.

민감도분석법은 위험분석모델을 설정할 수 있고, 모델내 불확실성을 내포한 독립된 위험인자 변화의 범위를 추정할 수 있는 경우, 모델의 위험도를 분석하는 방법으로 효율적이다.

표 6.1, 6.2는 재개발사업에 대한 민감도 분석의 예를 보여 주고 있다. 표 6.1은 재개

발사업 민감도 분석 시나리오로서, 원래 사업계획은 자본조달금리 18.5%, 건설기간은 12개월이었다. 그러나 사업에 불확실성, 위험과 기회요인들이 예측되어 각각에 대한 낙관적, 정상적, 비관적 시나리오를 작성한 것을 나타내고 있다. 예를 들어 낙관적 시나리오는 사업의 자본가치가 7% 상승하여, 건설비 증가율은 연 6%이고 자본조달금리는 16.6%로 낮아지며, 건설기간은 9개월로 단축되는 것이다. 반면에 비관적 시나리오는 자본가치가 1% 상승에 불과하고, 건설비는 연 10% 증가하며, 자본조달금리도 20%로 높아지고 건설기간은 15개월로 늘어나는 것이다.

각각의 시나리오 변수들에 대한 재개발사업의 민감도 분석결과는 표 6.2와 같다. 즉 낙관적인 시나리오를 기준할 경우, 잔여이익은 $879,460, 자본가치는 27.12% 상승, 이익이 총비용에서 차지하는 비율이 37.21%, 이는 원래 계획보다 17.33% 초과하게 되는 결과이다. 그러나 비관적인 시나리오를 기준할 경우, 잔여이익은 $225,600에 불과하고, 자본가치는 7.2% 상승, 이익이 총비용에서 차지하는 비율이 7.8%, 이는 원래 계획보다 -70.3%에 불과하다.

이상과 같이 민감도 분석법은 사업의 변수들에 따라 전체 사업의 결과가 변화하는 것을 평가할 수 있어 사업에 잠재된 위험과 기회요인을 감안하여 사업 타당성을 도출하기 위해 매우 유용한 방법이다.

표 6.1 재개발사업 민감도 분석 시나리오

항목 \ 변수	원래 시나리오	낙관적 (Optimistic)	정상적 (Realistic)	비관적 (Pessimistic)
자본가치 상승	0	7%	5%	1%
건설비 증가율	0	년 6%	년 7.5%	년 10%
자본조달금리	18.5%	16.5%	18.5%	20%
건설기간	12월	9월	12월	15월
사무실 매각전 기간	3월	지연 없음	3월	9월
예비비율	5%	5%	5%	5%

표 6.2 민감도 분석 결과

항목 \ 변수	원래 시나리오	낙관적 (Optimistic)	정상적 (Realistic)	비관적 (Pessimistic)
잔여이익	$749,540	$879,460	$779,650	$222,600
자본가치(%)	24.73%	27.12%	24.5%	7.2%
총비용(%)	32.86%	37.21%	32.45%	7.8%
원격적보다 증가(%)	0	17.33%	4.02%	-70.3%

6.5.3 몬테카를로 시뮬레이션 예

몬테카를로 시뮬레이션법은 위험분석모델을 구축할 만한 충분한 객관적인 자료가 확보되고, 모델내 불확실성을 내포한 위험인자가 반복적인 특성을 가지며 발생확률분포와 형태를 추정할 수 있는 경우, 모델의 위험도를 산정하는 기법으로 적용한다. 그림 6.6은 PERT 네트워크에 대한 몬테카를로 시뮬레이션의 예이다. PERT 네트워크상의 작업 중 들 위험요인이 내재된 작업들에 그림 6.2, 6.3, 6.4, 6.5중 해당되는 작업공기분포를 배정한 다음 몬테카를로 시뮬레이션을 실시한 결과 네트워크의 평균공기는 132.17일이며 표준편차는 4.34일로 계산되었다.

확률	밴드범위	빈도	누적빈도	확률	밴드범위	빈도	누적빈도
1	105.30 - 107.30	0	0	16	135.31 - 137.31	97	871
2	107.30 - 109.30	0	0	17	137.31 - 139.31	65	936
3	109.30 - 111.30	0	0	18	139.31 - 141.31	44	980
4	111.30 - 113.30	0	0	19	141.31 - 143.31	10	990
5	113.30 - 115.30	0	0	20	143.31 - 145.31	8	998
6	115.30 - 117.30	0	0	21	145.31 - 147.31	2	1000
7	117.30 - 119.30	0	0	22	147.31 - 149.31	0	1000
8	119.30 - 121.30	0	0	23	149.31 - 151.31	0	1000
9	121.30 - 123.30	13	13	24	151.31 - 153.31	0	1000
10	123.30 - 125.30	38	51	25	153.31 - 155.31	0	1000
11	125.30 - 127.30	83	134	26	155.31 - 157.31	0	1000
12	127.30 - 129.30	131	265	27	157.31 - 159.31	0	1000
13	129.30 - 131.31	170	435	28	159.31 - 161.31	0	1000
14	131.31 - 133.31	184	619	29	161.31 - 163.31	0	1000
15	133.31 - 135.31	155	774	30	163.31 - 165.31	0	1000

범위 : 121.52 - 147.06
평균값 : 132.17 ; 표준편차 : 4.34
1/4분위 : 128.30 ; 중간값 : 132.31 ; 3/4분위 : 134.31

그림 6.6 몬테카를로 시뮬레이션 예

낙관적인 관점에서 네트워크공기는 1/4분위에 해당하는 128.30일로 판단할 수 있으나 이는 매우 위험스러운 선택이다. 일반적으로 몬테카를로 시뮬레이션 결과는 대체적으로 70~80%의 확률범위, 즉 3/4분위에 해당하는 네트워크 공기인 134.31일을 선택하게 된다. 만약 위험이 인지되지 않은 최초의 예정공기가 120일이었다면 14.31일의 공기지연을 예상할 수 있는 것이다.

이와 같이 몬테카를로 시뮬레이션은 공기와 비용상의 불확실성 또는 위험요인들을 감안할 때 예측할 수 있는 공기지연 또는 비용초과 등과 같은 영향의 정도와 범위를 합리적으로 산정할 수 있도록 한다.

6.5.4 의사결정구조법 예

의사결정구조법은 위험분석을 위한 의사결정모델의 구축이 필요하고, 시나리오별 위험발생확률과 예상값이 추정 가능할 경우, 최적의 대안을 추정하는 의사결정지원 수단으로 활용된다.

그림 6.7은 플랜트를 대규모(large plant) 또는 소규모(small plant)로 건설해야 할지, 플랜트 건설을 포기할지에 대해 의사결정구조를 구축하고, 이를 통해 가장 합리적인 대안을 찾는 예를 보여주고 있다. 그림 6.8의 의사결정구조에서 네모는 의사결정노드(decision node)이고, 원은 확률노드(probability node)이다. 플랜트를 건설하고 초기 2년과 이후 3년, 즉 총 5년간 시장의 요구가 높고(high demand) 낮음(low demand)으로 구분하여 각각에 확률을 부여하고 기대값을 부여한다. 예를 들어 대규모 플랜트를 건설하고 초기 2년간 시장의 요구가 높을 확률은 0.7, 이후 3년간 시장요구가 높은 확률은 0.9이며 이 경우 이익은 +462.5 백만 달러이다.

그러나 초기 2년간 시장의 요구가 높으나 이후 3년간 시장의 요구가 낮을 확률이 0.1이라면 손실이 -243.0백만 달러가 된다. 따라서 대규모 플랜트의 최초 2년 후의 기대값은 +392.0백만 달러로 계산된다. 이상과 같이 의사결정노드들에 확률들과 각 경우들에 예상되는 손실 및 이익을 모두 입력하고 의사결정노드의 최종 기대값을 계산하면, 대규모 플랜트의 최종 기대값은 +249.6백만 달러, 소규모 플랜트의 최종 기대값은 +281.2백만 달러, 플랜트를 건설하지 않은 경우 최종 기대값은 0이므로 소규모 플랜트를 건설하는 것이 가장 유리한 것으로 판단하게 되는 것이다.

이상과 같이 의사결정구조법은 위험분석을 위한 의사결정모델을 구축하고, 시나리오별로 위험발생확률과 예상값을 추정할 수 있는 경우, 최적의 대안을 추정하는 의사결정지원 수단으로 매우 적합하다.

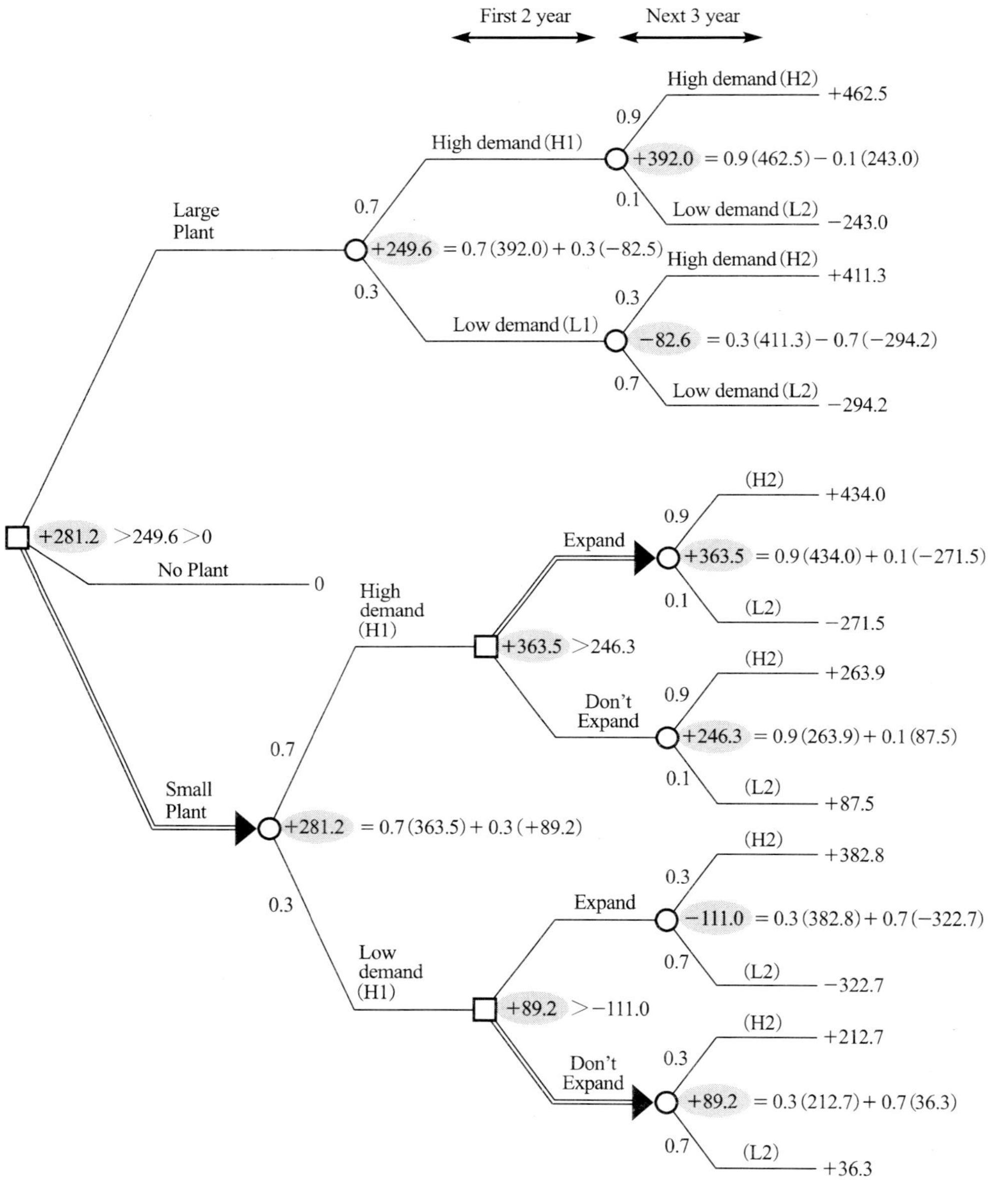

그림 6.7 의사결정구조법 예

제7장 위험대응계획

7.1 위험대응계획 개요

위험대응계획은 위험분석단계에서 위험에 대해 대응할지 여부를 판단한 후 가장 효율적인 대응전략을 수립하는 단계이다. 위험대응계획의 목적은 부정적 위험요인의 발생확률과 영향을 감소시키고, 긍정적 위험요인(기회요인)의 발생확률과 영향을 증대시킴으로써, 사업의 전체 위험을 감소시키는 계획을 수립하는 것이다. 위험대응계획 수립에는 다양한 기술이 필요하다. 위험인지는 경험을 중시하고 위험분석은 분석적 수학적 기술들이 중시되는 반면, 위험대응계획 수립단계에서는 창의성(creativity)이 매우 중시된다.[3]

위험대응계획은 위험으로 인한 손실에 대응하는 동시에 위험과 동반하는 기회요인을 극대화시키는 전략을 수립하는 과정을 포함한다. 위험에 대응하는 전략을 수립하고 실행하기 위해 위험분석단계에서 산정된 위험도에 대한 평가가 필요하다. 왜냐하면 위험대응전략을 수립하고 실행하는 데는 비용이 소요되고 인지 및 분석된 모든 위험에 대응할 수 없을 뿐만 아니라 동일한 수준으로 대응할 수도 없기 때문이다. 따라서 대응해야 할 위험도의 수준을 평가하는 명확한 기준이 설정되어야 하는데, 이를 위험허용도(risk threshold or risk tolerance, RT)라 정의한다. 위험허용도는 경영환경, 조직, 사업의 규모 및 형태, 기타 외부환경 등을 종합적으로 고려하여 설정해야 한다.

나아가 위험대응전략의 효율성도 평가할 필요가 있다. 대응전략 실행 후 잔존하는 위험을 잔여위험도(residual risk)라 하는데, 대응전략의 양부에 따라 전략 실행 후 잔존하는 잔여위험도의 크기가 달라진다. 만약 잔여위험도가 위험허용도를 계속적으로 초과한다면 추가적인 대응전략 또는 새로운 전략이 수립되어야 할 것이다.

3) Rita Mulcahy, 'Risk Management, Tricks of the Trade of Porject Managers', RMC Publications, Inc., 2003

위험대응계획 단계를 PMBOK(2004)를 참고하여 입력사항, 도구 및 기법, 결과물로 구분하여 도식적으로 표현하면 그림 7.1과 같다.

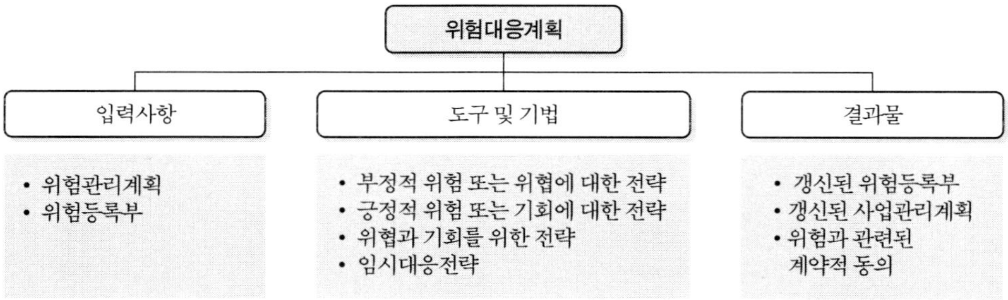

그림 7.1 위험대응계획 단계

7.2 위험대응계획 입력사항

7.2.1 위험관리계획(risk management plan)

위험관리계획의 주요 요소들은 역할과 책임, 위험분석 정의, 위험허용도, 위험관리에 필요한 공기 및 예산을 포함한다. 위험대응계획의 입력사항으로 중요한 위험관리계획과 정의 결과물들은 사업의 확률분석, 비용 및 공기 목표를 성취할 수 있는 확률, 수량화된 위험요인들의 우선순위 리스트, 그리고 정량적 위험분석 결과의 경향 등을 포함한다.

7.2.2 위험등록부(risk registers)

위험등록부는 위험인지과정동안 개발된다. 위험등록부는 정성적 정량적 위험분석과정에서 갱신된다. 위험대응계획 과정은 인지된 위험요인의 배경, 위험의 근본원인, 잠재적 대응 목록, 위험소유자, 증상, 경고표시를 참조해야만 한다.

7.3 위험대응계획 도구 및 기법

위험대응전략은 위험의 유형, 대응방법의 적절성, 대응비용의 규모 및 효율성 등을 종합적으로 고려하여 선택하여야 하며, 가능한 최소의 대응전략으로 최대의 효과를 올릴 수 있는 전략의 선택이 무엇보다 중요하다.

7.3.1 부정적 위험요인 또는 위협에 대한 전략(strategies for negative risks or threats)

(1) 위험인정전략(risk acceptance strategy)

위험인정전략은 인지된 위험으로 초래되는 결과를 인정하는 전략으로 위험보유전략(risk retain strategy)이라고도 한다. 이러한 전략이 선택되는 경우는 인지된 특정 위험을 도저히 회피 또는 약화시킬 수 없거나 비용측면에서 위험을 안고 가는 것이 유리할 때이다.

위험인정전략은 적극적 인정전략(active acceptance)과 소극적 인정전략(passive acceptance)으로 구분된다. 적극적 위험인정전략은 위험이 현실화될 경우에 대비하여 비상계획(contingency plan)을 사전에 수립하는 전략이다. 예를 들면 천재지변을 포함하는 통제가 불가능한 위험으로 인해 위기상황이 초래될 경우, 위험으로 인한 피해를 최소화하고 신속히 복구하는 계획을 사전에 수립하는 것이다. 따라서 적극적 인정전략은 건설사업차원에서 통제가 불가능한 위험들인 천재지변, 정부의 규제, 경제여건 변화 등의 위험에 대응하는 전략으로 적합하다.

소극적 인정전략은 위험으로 인한 손실을 그대로 인정하는 전략이다. 이러한 전략은 위험으로 인한 손실이 위험대응에 소요되는 비용에 미치지 못할 경우, 즉 위험대응효율이 극히 저조한 경우에 적용된다. 그러나 위험을 인정하는 것 자체가 또 다른 위험을 내포하는 것이므로 일단 인지되고 분석된 위험이 위험허용도를 초과하는 경우 어떠한 형태로든 대응하는 것이 원칙이므로 위험의 발생확률이 극히 낮거나 위험으로 인한 손실이 매우 미약한 경우에 한해 적용해야 한다.

(2) 위험회피전략(risk avoidance strategy)

위험회피전략은 인지된 위험을 약화시키기 어렵고 위험으로 인한 결과를 인정할 수 없을 경우 위험을 완전히 제거하는 전략이다. 위험을 제거하는 전략은 사업계획을 재수립하거나, 공법을 변경하는 등 위험이 내재된 계획을 위험이 완벽히 제거된 계획으로 수정하는 것이다. 만약 위험을 완벽하게 제거하지 못할 경우 사업계획을 포기하는 경우도 이에 포함된다.

그러나 위험회피전략을 실무적으로 적용하는 데는 많은 제약이 있다. 왜냐하면 실질적으로 위험을 완벽히 제거하는 것은 거의 불가능하고, 위험이 없는 계획이나 공법변경을 평가하고 수립하는 시간과 노력이 과다하며, 더욱이 위험을 감수함으로써 부가되는 기회요인도 포기해야 하기 때문이다. 따라서 위험회피전략은 인지된 위험이 사업의 성패에 심각한 영향을 미칠 경우, 사업포기를 포함한 최후의 전략으로 적용해야 한다.

(3) 위험약화전략(risk mitigation strategy)

위험약화전략은 위험대응계획의 기본이다. 위험약화전략은 위험으로 인한 손실의 정도, 즉 위험도를 약화시키는 전략이다. 위험도를 약화시키는 방법은 위험의 발생확률을 감소시키는 방법과 위험으로 인한 영향을 최소화시키는 방법으로 구분된다. 위험의 발생확률을 감소시키는 예는 새로운 공법 또는 신기술 적용을 억제하여 신공법 및 신기술로 인한 불확실성의 발생확률을 감소시키거나 특정기술을 보유한 전문가를 영입하여 특정기술 적용에 따른 오류의 발생확률을 감소시키는 것이다. 위험으로 인한 영향을 최소화 시키는 예는 보험 또는 보증 등을 활용하여 실질적으로 손실이 발생되었을 경우, 보험 및 보증회사가 대신 손실을 보상해 주도록 하는 것이다.

위험약화전략에서는 대응전략의 효율성이 매우 중요하다. 대응전략의 효율성이 클수록 기존의 위험도는 크게 약화되고, 이에 따라 잔여위험도도 작아지게 될 것이므로 효율성이 큰 대응전략의 수립이 매우 중요하다. 대응전략의 효율성에 대한 평가는 7.5.1절 위험대응계획 업무프로세스에서 기술한다.

(4) 위험전가전략(risk transfer strategy)

위험전가전략은 위험으로 인한 영향을 제3자 또는 다른 분야로 전가 또는 이동시키는 전략이다. 위험전가전략은 크게 계약을 통해 전가시키는 방법과 위험의 배분을 통해 전가시키는 방법으로 구분된다.

계약을 통해 전가시키는 방법은 부담하고 싶지 않은 위험을 계약협상을 통해 위험을 가장 효율적으로 관리할 수 있는 제3자에게 전가함으로써 위험을 감소시키는 방법이다. 대형국책사업의 경우 계약당사자간의 계약협상을 통해 위험을 가장 잘 관리할 수 있는 계약주체에게 위험을 전가하고 위험을 관리하는 비용을 계상하는 것은 매우 보편화되어 있으며, 민간사업에서도 발주자와 계약자간 계약협상을 통해 총사업비를 최소화시키기 위한 사업위험의 전가는 일반적인 관행으로 자리잡고 있다.

위험의 배분을 통해 전가시키는 방법은 사업의 전체위험을 계약자간 상호 분담함으로써 위험을 감소시키는 방법이다. 위험배분을 통해 위험을 전가하는 좋은 예는 컨소시움(consortium) 또는 조인트 벤쳐(joint venture, JV)형태의 공동도급계약이다. 공동도급계약형태는 발주자측면에서 단일 도급자에 따른 위험을 감소시키는 동시에, 계약자측면에서도 계약자간 위험분담비율을 낮춤으로써 계약자별 위험을 감소시키는 효과도 기대할 수 있다.

7.3.2 긍정적 위험요인 또는 기회에 대한 전략(strategies for positive risks or opportunities)

(1) 탐사전략(exploit strategy)

탐사전략은 기회가 인지된 것을 보장하기 위하여 긍정적인 영향을 갖는 위험요인들을 선택하는 것이다. 이 전략은 기회가 확실히 발생하도록 특정 위험요인과 연계된 불확실성을 제거하는 방법을 찾아내는 것이다. 직접적으로 탐사하는 전략의 예는 완공시점을 단축할 수 있도록 사업에 더욱 능력을 갖춘 자원들을 우선적으로 할당하든지 또는 최초 계획보다 더 나은 품질을 제공하는 것이다.

(2) 배분전략(share strategy)

긍정적 위험요인을 배분하는 것은 사업의 이익을 위한 기회를 포착할 수 있는 제 3의 계약자에게 기회를 관리하는 권리를 부여하는 것이다. 배분전략의 예는 특정 목적을 위해 설립되는 위험배분 파트너십(risk-sharing partnerships), 특정목적 회사(special-purpose company, SPC) 또는 조인트벤처(JV) 등이 있다.

(3) 향상전략(enhance strategy)

향상전략은 긍정적 발생확률 또는 영향을 증가시키고, 긍정적 위험요인을 발생시키는 요인들을 최대화시킴으로써 기회의 발생확률을 향상시키는 것이다. 기회의 원인을 활성화 또는 강화시키고 그것을 유발하는 조건을 보강하며, 기회에 대한 사업의 민감성을 증가시키는 유발요인들을 찾는 것이다.

7.3.3 위협과 기회를 위한 전략(strategy for both threats and opportunities)

(1) 인정전략(acceptance strategy)

이 전략은 사업으로부터 모든 위험요인들을 제거하는 것이 거의 불가능할 때 채택되는 전략이다. 이 전략은 사업팀이 위험요인을 관리하기 위해 사업관리계획을 변경시킬 수 없거나 적절한 대응 전략을 수립할 수 없을 경우에 적용된다. 이 전략은 적극적 또는 수동적일 수 있다. 수동적 인정전략은 사업팀이 위협 또는 기회요인을 관리하지 않고 아무런 대응을 하지 않는 것이다. 가장 일반적인 적극적 인정전략은 위협과 기회들을 관리하기 위해 시간, 비용, 자원을 포함하는 비상계획을 수립하는 것이다.

7.3.4 임시 대응전략(contingent response strategy)

일부 전략들은 특정 사건이 발생하였을 때만 유용하도록 수립된다. 즉 특정 위험요인들은 사업팀이 대응계획을 실행할 만한 충분한 경고표시가 있다고 판단되면 사전 정의된 특정 조건에서만 실행할 수 있는 대응계획을 수립하는 것이다. 중간 완료시점을 놓치거나 공급자가 높은 우선순위를 얻게 되는 경우와 같은 비상 대응을 유발하는 사건들을 사전에 정의하고 추적할 수 있게 된다.

7.4 위험대응계획 결과물

7.4.1 갱신된 위험등록부(updated risk register)

위험등록부는 위험인지과정동안 개발되며, 정성적·정량적 위험분석단계에서 갱신된다. 위험대응계획과정에서 위험등록부는 계획된 대응전략에 상응하는 상세 수준으로 작성되어야 한다. 즉 높거나 중간 수준의 위험요인들에 대한 대응전략은 상세하게 기술되어야 한다. 낮은 우선순위로 판정된 위험요인들은 정기적인 추적을 위해 관찰목록에 포함시킨다. 이 단계에서 위험등록부는 다음 사항을 포함한다.

- 인지된 위험요인들, 위험요인에 대한 설명, 영향을 받는 사업분야(WBS 요소), 위험요인의 원인(RBS 요소), 그리고 어떻게 위험요인이 사업목표에 영향을 주는지 여부
- 위험소유자(risk owners), 그리고 배정된 책임
- 사업위험요인들의 우선순위 항목과 사업의 확률 분석을 포함하는 정성적·정량적 위험분석 과정의 결과물
- 상호 합의된 대응전략
- 선택된 대응전략을 실행하기 위한 특정 활동
- 위험요인 발생의 증상과 경고 표시
- 선택된 대응을 실행하기 위해 요구되는 예산과 공정 활동
- 이해관계자들의 위험허용도를 위한 공기와 비용의 비상예비비
- 대응전략의 실행을 불러오는 비상계획과 유발요인
- 발생한 위험요인들에 대해 반응하고 최선의 계획이 불충분할 경우 활용하기 위한 대비계획
- 위험대응 실행결과로부터 인지되는 차선의 위험요인
- 사업의 정량적 분석과 조직의 위험허용도에 기초하여 계산되는 비상예비비

7.4.2 갱신된 사업관리계획(updated project management plan)

사업관리계획은 위험대응활동들이 통합변경관리과정(integrated change control process)에 의해 실행된 후 보강 및 갱신된다. 합의된 위험대응전략은 사업의 예산 및 공정을 포함하는 다른 사업관리분야에 적합한 과정으로 피드백(feed back)되어야 한다.

7.4.3 위험과 관련된 계약적 동의(risk-related contractual agreements)

위험과 관련된 계약적 동의들은 위험이 발생할 경우에 대비하여 특정 위험요인을 관리할 책임이 있는 계약당사자를 명시한다.

7.5 위험대응계획 실제 사례

7.5.1 위험대응계획 업무프로세스

위험대응계획 업무프로세스는 위험도에 대한 평가기준인 위험허용도와 대응전략의 효율성을 감안하여 잔여위험도를 산정한 후 추가적인 대응전략을 수립하고 대응전략에 소요되는 비용을 산정하는 과정이다. 위험대응계획 단계에서 업무프로세스는 그림 7.2와 같다.

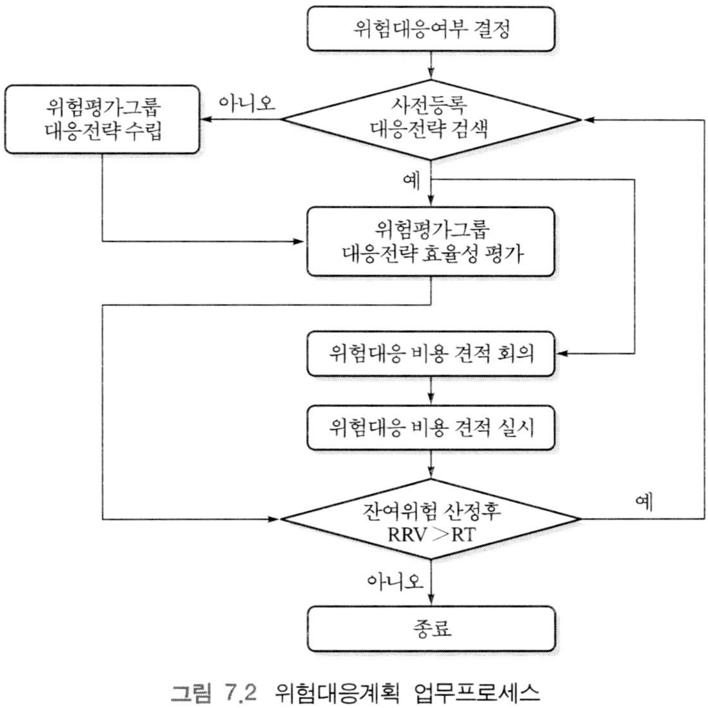

그림 7.2 위험대응계획 업무프로세스

그림 7.2 위험대응계획 업무프로세스에 나타난 위험허용도, 잔여위험도, 대응전략 효율, 위험대응비용에 대한 설명은 다음과 같다.

(1) 위험허용도(risk threshold or risk tolerance, RT)

위험허용도는 위험분석단계에서 계량화된 특정 위험요인의 위험의 정도가 회사나 사업 차원에서 수용할 수 있는 수준인지 여부를 판정하는 기준이다. 즉 특정 위험요인의 위험도가 위험허용도를 초과할 경우 대응전략을 수립 및 실행하지만, 위험허용도 이하가 되면 대응전략을 수립하지 않고 위험을 그대로 부담하는 것이다.

이러한 위험허용도는 기업의 경영환경, 사업의 수익성, 사업조직, 기술력 등에 따라 달라지므로 위험허용도 설정과정은 논리적이며 객관적이어야 한다. 만약 위험허용도 설정과정이 논리적이고 객관적이지 않을 경우 위험관리 전체 프로세스가 주관화 또는 임의화될 수 있다. 건설사업의 위험허용도는 이와 같은 복합적인 상황을 고려하여 설정되어야 한다.

(2) 잔여위험도(residual risk value)

잔여위험이란 대응전략 실행 후 완전하게 제거되지 않고 남는 위험으로 잔여위험도는 잔여위험의 정도를 수치로 표현한 값으로 정의된다. 잔여위험도를 산정하는 공식은 다음과 같다.

$$\mathrm{RRV} = \mathrm{RV}(1 - \mathrm{ME})$$

RRV : 잔여위험도(Residual Risk Value)

RV : 위험도(Risk Value)

ME : 대응전략 효율(Mitigation Efficiency), $(0 \leq \mathrm{ME} \leq 1)$

즉 잔여위험도는 기존 위험도에서 대응전략의 효율만큼 제외되고 남는 위험이다.

(3) 대응전략 효율(mitigation efficiency)

대응전략 효율이란 위험 대응전략을 실행할 경우 예측되는 전략의 효율성이다. 즉 대응전략의 효율성이 크면 클수록 기존 위험도에서 잔존하는 위험도가 낮아지므로 대응전략의 효율성에 대한 판정은 매우 중요하다.

위험대응계획 업무프로세스에서 대응전략의 효율성을 판정하는 방법은 등급판정법 또는 통계확률기법을 적용할 수 있다. 단 대응전략의 효율이 50% 이하일 경우 전략으로서 가치가 없다고 판단하고 대응전략을 재수립해야 한다. 이는 효율성이 낮은 다수의 대응전략을 수립하는 것보다 효율성이 큰 한 두 가지의 대응전략을 수립하는 것이 비용 및 공기측면에서 유리하기 때문이다.

(4) 위험대응비용(risk response cost)

위험대응비용이란 위험대응과정에서 대응전략 실행에 투입되는 비용이다. 위험대응비용의 규모에 따라 위험대응전략의 적절성을 평가할 수 있다. 즉 위험대응비용이 작고 효율성이 큰 대응전략을 수립하는 것이 매우 중요한데, 만약 위험대응비용이 위험으로 인한 예측손실과 별 차이가 없다면 대응전략으로서의 가치는 사라질 것이다. 또한 위험대응비용은 사업예비비의 산정기준으로도 활용할 수 있다. 즉 사업예비비는 사업에 내재된 모든 위험요인에 대응하는 비용을 합한 것으로 다음과 같이 산정할 수 있다.

$$CR = \Sigma RC_i$$

CR : 사업예비비(Contingency Reserve)

RC_i : i위험요인의 위험대응비용

즉 위험이 높은 사업일수록 위험대응비용은 증가할 것이고 그에 따라 사업예비비의 비율도 높아지게 될 것이다. 일반적으로 사업의 예비비는 사업에 잠재하고 있는 상세한 위험요인에 대응하는 비용을 고려하기보다 사업직접비용의 일부(약 2~7%)를 추가적으로 계상하기 때문에 이러한 예비비 산정방법은 위험관리 프로세스를 고려한다고 보기 어렵다. 따라서 위험대응계획 수립과정에서 위험요인에 대응하는 위험대응비용의 합을 사업예비비 산정의 기준으로 한다면 예비비 수립의 정확성을 확보할 수 있을 것이다.

7.5.2 위험대응계획 전산시스템

(1) 위험허용도 입력 화면

그림 7.3은 위험허용도를 입력하고 조회하는 기능을 보여주는 화면이다. 위험허용도는 공종별로 입력하는 것을 원칙으로 하며, 위험허용도는 공종 필드에서 해당 공종을 조회하여 입력할 수 있는데, 위험허용도를 입력할 공종을 선택하고 위험허용도를 등급 또는 금액기준으로 입력할 수 있다.

위험허용도 입력기준은 그림 5.11, 5.12 위험분석화면에서 손실비용을 등급 또는 금액으로 입력하는 방법에 따라 결정된다. 그림 7.3은 위험허용도를 등급으로 입력한 예를 보여주고 있으며, 공종별 위험허용도를 입력한 다음 '추가'버튼을 누르면 위험허용도의 입력내용이 저장된다. 저장된 위험허용도를 변경하고자 할 경우 해당 공종을 선택한 후 '변경'버튼을 누르면 실행되며, '삭제'버튼은 해당 위험허용도를 데이터베이스에서 삭제하고자 할 때 사용한다.

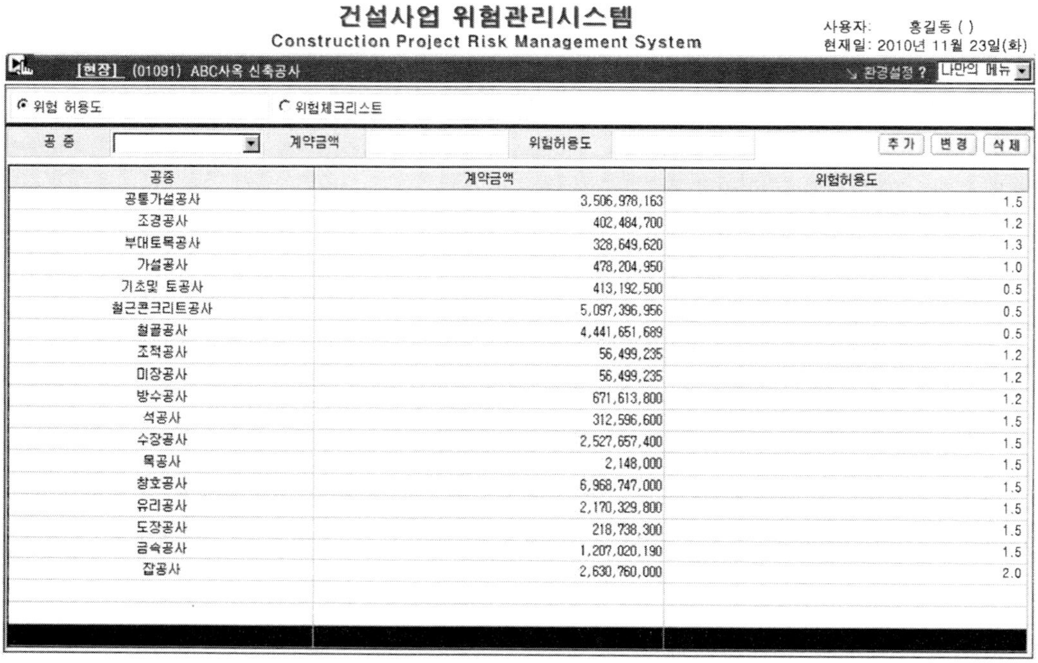

공종	계약금액	위험허용도
공통가설공사	3,506,978,163	1.5
조경공사	402,484,700	1.2
부대토목공사	328,649,620	1.3
가설공사	478,204,950	1.0
기초및 토공사	413,192,500	0.5
철근콘크리트공사	5,097,396,956	0.5
철골공사	4,441,651,689	0.5
조적공사	56,499,235	1.2
미장공사	56,499,235	1.2
방수공사	671,613,800	1.2
석공사	312,596,600	1.5
수장공사	2,527,657,400	1.5
목공사	2,148,000	1.5
창호공사	6,968,747,000	1.5
유리공사	2,170,329,800	1.5
도장공사	218,738,300	1.5
금속공사	1,207,020,190	1.5
잡공사	2,630,760,000	2.0

그림 7.3 위험허용도 입력 화면

(2) 위험대응계획 입력 화면

위험대응계획 입력 화면은 위험분석단계에서 분석된 위험요인들에 대해 위험대응계획을 수립하는 화면과 위험대응계획 수립 결과를 조회하는 화면으로 구성된다. 위험대응계획 입력화면으로 로그인하면 위험분석단계에서 산정된 최종위험도가 해당 공종의 위험허용도를 초과하는 위험요인들만 자동으로 나타난다.

위험대응계획 입력 화면에는 사업명, 담당임원, 위험관리담당자, 위험요인 등록번호, 위험인지일자, 위험인지자가 자동으로 표시되며, 위험인지화면에서 위험요인 요약 필드에 입력한 내용들도 자동으로 나타난다.

그림 7.4에서 위험대응계획 수립의 대상이 되는 위험요인은 위험등록번호 '20101018005'로서 토공사 공종의 '민원으로 인한 공사중단' 위험요인이며, 분석된 최종 위험도는 '1.96'이고 해당 공종의 위험허용도는 '0.5'이다. 최종 위험도가 위험허용도를 초과하므로

대응여부 필드에 '예'가 자동으로 나타나며, 첫 번째 위험대응계획#1 수립 필드들이 자동으로 화면에 표시된다. 위험대응계획#1의 위험대응계획 요약 필드에 '시공법 변경'을 입력하고 위험대응계획의 상세한 내용은 그 아래 필드에 '주변 구조물 피해 최소화를 고려한 시공방안 수립'을 입력한다. 위험대응계획 실행에 소요되는 비용은 '예상비용' 필드에 '2,500,000'을 입력하고, 위험대응계획의 효율성을 등급으로 '60%'를 선택한 것이 나타나고 있다. 위험대응계획의 효율 등급을 입력하면 잔여위험은 자동으로 계산되어 '잔여위험' 필드에 '0.78'이 나타난다. 잔여위험 '0.78'은 해당 공종의 위험허용도 '0.5'를 초과하므로 '추가전략' 필드에는 '예'가 자동으로 표시되며, 위험대응계획#2 필드들이 자동으로 팝업된다. 그리고 수립자, 계획수립일, 실행예정일, 실행책임자 들을 입력하면 위험대응계획#1 수립은 완료된다. 두 번째 위험대응계획#2를 입력하는 방법은 위험대응계획#1을 입력하는 방법과 동일하며, 그림 7.12에서 두 번째 위험대응계획 요약은 '보상기준 마련'이며, 상세설명은 '구조물 피해정도에 따른 합리적이며 적절한 보상기준 마련'이고, 예상비용은 '8,000,000', 효율성이 '50%'로서 잔여위험은 '0.39'로 자동으로 계산된다. 잔여위험 '0.39'는 위험허용도 '0.5' 이하이므로 추가전략 필드에 '아니오'가 자동으로 나타나게 되며, 수립자, 계획수립일, 실행예정일, 실행책임자를 입력하면 위험대응계획#2 수립이 완료된다. 위험대응계획 #1과 #2의 예상비용의 합은 우상단 '대응비용계' 필드에 '10,500,000'으로 자동으로 합산된다.

위험대응계획 수립 화면 맨 하단에 대응전략 실행결과 '위험제거'와 '위험잔존' 선택 아이콘이 나타나고 있다. 위험관리 프로세스에서 해당 위험요인이 제거되는 것은 해당 위험요인이 잠재하는 사업단계 또는 공종을 지나쳤다는 것을 의미한다. 따라서 해당 위험요인이 사업단계 또는 공종을 지나치지 않은 경우 위험은 잔존하게 되는 것이다. 위험제거와 위험잔존은 위험요인에 대한 재평가 여부를 판단하는 중요한 기준이므로 매우 중요하다. 그림 7.4 화면에서 해당 위험요인은 '위험잔존' 상태이므로 해당 위험요인이 잠재하는 사업단계 또는 공종을 지나치지 않았다는 것을 의미하고 있다.

그림 7.5에서 위험대응계획 수립의 대상이 되는 위험요인은 위험등록번호 '20101018008'로서 철근콘크리트공사 공종의 '현장조건과 설계 불일치'이며, 분석된 최종 위험도는 '2.89'이고 해당 공종의 위험허용도는 '0.5'이다. 최종위험도가 위험허용도를 초과하므로 대응여부 필드에 '예'가 자동으로 표시되며, 첫 번째 위험대응계획#1 수립 필드들이 자동으로 화면에 팝업된다. 위험대응계획#1의 위험대응계획 요약 필드에 '설계 변경'을 입력하고 위험대응계획의 상세한 내용은 그 아래 필드에 '공사 착수전 설계도서 확인과 현황조사를 통해 설계 변경'을 입력한다. 위험대응계획 실행에 소요되는 비용은 '예상비용' 필드에 '3,000,000'을 입력하고, 위험대응계획의 효율을 등급으로 입력하는데 '효율' 필

드의 우측 삼각형을 클릭하면 '0%'에서 '100%'까지 10등급이 팝업되며 그중 '90%'를 선택한 것이 나타나고 있다. 위험대응계획의 효율 등급을 입력하면 잔여위험은 자동으로 계산되어 '잔여위험' 필드에 '0.29'가 나타난다. 잔여위험 '0.29'는 해당 공종의 위험허용도 '0.5' 이하이므로 '추가전략' 필드에 '아니오'가 자동으로 나타나는데, 이는 더 이상의 추가적인 위험대응계획이 필요하지 않다는 것을 의미한다. 그리고 수립자, 계획수립일, 실행예정일, 실행책임자들을 입력하면 위험대응계획#1 수립은 완료된다. 위험대응계획 수립 화면 맨 하단에 대응전략이 수립되었으나 해당 위험요인이 '위험잔존' 상태이므로 해당 위험요인이 인지된 사업단계 또는 공종을 지나치지 않아 지속적인 관찰과 관리가 필요함을 의미하고 있다.

(3) 위험대응계획 현황 조회 화면

그림 7.6은 위험대응계획 현황을 조회하는 화면으로서 화면 상단 위험대응 리스트 아이콘을 선택하면 나타나는 화면이다. 사업명, 담당임원, 위험관리담당자는 자동으로 나타나며 위험대응계획을 수립한 모든 위험요인들이 나열된다. 그림 7.6은 위험등록번호, 위험요인의 해당 공종, 대응전략#1, 대응전략#2, 대응전략#3, 대응결과의 목록을 보여주고 있다.

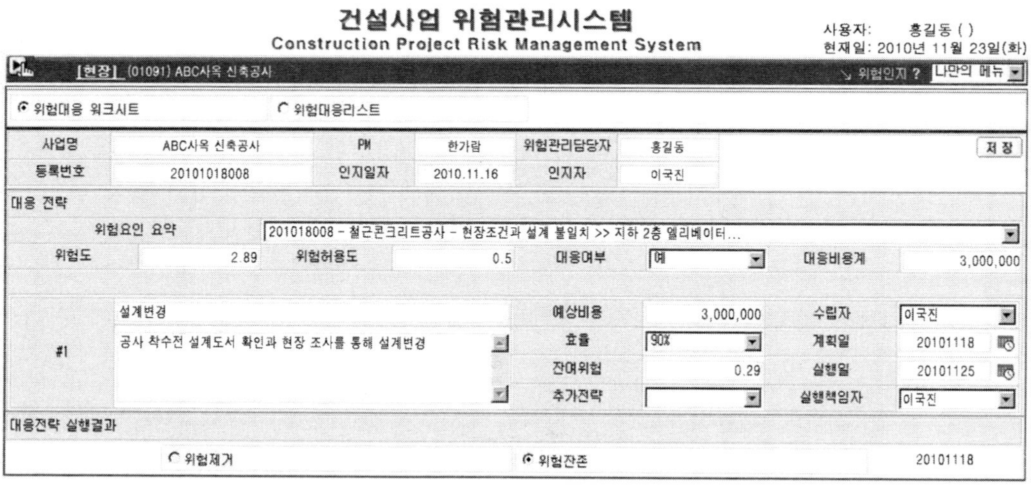

그림 7.5 위험대응계획 입력 화면(2)

그림 7.6 위험대응계획 현황 조회 화면

제8장 위험추적 및 통제

8.1 위험추적 및 통제 개요

위험추적 및 통제 단계는 새로운 위험요인들을 인지, 분석, 대응하고, 이미 인지된 위험요인들에 대해 재분석, 관찰목록에 기록된 위험요인들에 대한 지속적인 추적, 위험대응 전략의 효율성 평가를 통한 잔여위험 추적, 비상계획을 실행하는 조건들에 대해 재검토하는 과정 등을 포함한다. 위험추적은 위험도의 변화 및 위험대응 후 위험의 잔존 여부를 지속적으로 평가하는 업무이며, 위험통제는 위험을 추적하는 단계에서 재평가된 위험요인에 대해 추가적인 분석을 실시하고 필요할 경우 대응전략을 수립하고 실행하는 업무과정이다.

위험추적 및 통제단계에서 위험도의 크기가 변화되거나 새로운 위험이 발생하여 위험도가 위험허용도를 초과하였을 경우, 위험대응전략을 새롭게 또는 추가 수립하고 실행하게 된다. 위험추적 및 통제는 사업주체별로 해당 위험요인의 변화에 대해 지속적으로 평가하고 그 결과를 사업시행자에게 보고하여 사업참여자 전체가 위험관련 정보를 공유하도록 해야 한다.

위험추적의 최종단계는 위험의 제거이다. 위험이 제거된 상황은 해당 위험이 인지된 사업수행단계를 지나쳤음을 의미한다. 위험이 제거될 때까지 위험의 추적 및 통제는 계속되어야 하며, 위험을 추적하는 과정에서 새로운 위험요인이 인지되는 경우도 발생할 수 있다. 이러한 경우 위험인지단계로 피드백(feed-back)하여 위험관리 업무프로세스를 다시 시작해야 한다.

위험추적 및 통제 단계를 PMBOK(2004)를 참고하여 입력사항, 도구 및 기법, 결과물로 구분하여 도식적으로 표현하면 그림 8.1과 같다.

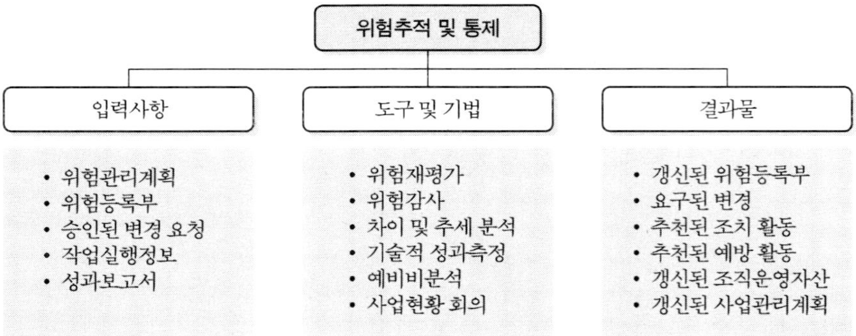

그림 8.1 위험추적 및 통제 단계

8.2 위험추적 및 통제 입력사항

8.2.1 위험관리계획(risk management plan)

위험관리계획은 위험소유자, 공기, 그리고 인적자원의 배분에 대한 주요 입력사항들을 포함하고 있다.

8.2.2 위험등록부(risk register)

위험등록부는 인지된 위험요인들과 위험소유자, 합의된 위험대응계획, 특정 수행활동, 위험의 증상과 경고표시, 잔여 또는 차선의 위험요인들, 낮은 우선순위의 관찰목록, 그리고 공기와 비용 비상예비비를 포함하는 주요 입력사항들을 포함하고 있다.

8.2.3 승인된 변경 요청(approved change requests)

승인된 변경 요청은 작업방법, 계약조건, 업무범위, 그리고 공정계획에 대한 변경사항들을 포함한다. 승인된 변경은 위험요인을 변경시키며, 그러한 변경이 위험등록부, 위험대응계획 또는 위험관리계획에 어떠한 영향을 주는지 분석할 필요가 있다. 모든 변경은 정상적으로 문서화되어야 하며, 구두로 논의했지만 문서화되지 않은 변경은 처리 또는 실행되지 않아야 한다.

8.2.4 작업실행정보(work performance information)

사업 최종 결과물의 현황, 조치활동, 그리고 성과보고서에 포함된 작업 실행정보는 위험추적 및 통제에 중요한 입력사항이다.

8.2.5 성과보고서(performance reports)

성과보고서는 위험관리과정에 영향을 주는 사업 업무성과에 대한 정보를 제공한다.

8.3 위험추적 및 통제 도구 및 기법

8.3.1 위험 재평가(risk reassessment)

위험추적 및 통제과정에서 새로운 위험요인을 인지하고, 인지된 위험요인들에 대해 정기적으로 재평가를 실시한다. 재평가의 반복횟수와 상세정도는 사업의 목표 대비 진척정도에 따라 결정된다. 예를 들어, 만약 위험등록부에 기록되지 않았던 위험요인이 발생하거나 사업목표에 대한 영향이 예상과 차이가 난다면 대응전략이 정확히 수립되었다고 할 수 없으므로 위험을 효율적으로 관리하기 위한 추가적인 대응계획을 수립할 필요가 있다.

8.3.2 위험 감사(risk audits)

위험감사는 위험을 인지, 분석, 대응하는 위험관리 프로세스의 효율성을 검사하고 문서화시킨다.

8.3.3 차이 및 추세 분석(variance and trend analysis)

사업 실행의 추세는 성과자료를 활용하여 검토되어야 한다. EV(earned value) 분석, 사업의 차이와 추세를 분석하는 다양한 방법들은 전체 사업성과를 추적하는데 활용될 수 있다. 이러한 분석을 통해 사업 완료시점에서 비용 및 공정목표와의 잠재적 차이를 예측할 수 있도록 한다.

8.3.4 기술적 성과측정(technical performance measurement)

기술적 성과는 사업수행기간 동안 사업관리계획상의 기술적 성과 달성계획 대비 실제 달성의 비교를 통해 측정된다. 완료시점에서 계획 대비 차이는 사업목표 달성의 성공 정도를 예측할 수 있도록 한다.

8.3.5 예비비 분석(reserve analysis)

사업수행기간동안 일부 위험요인들은 예산 및 공정의 비상 예비비에 긍정적 또는 부정적인 영향을 미친다. 예비비 분석은 남아있는 예비비가 충분한지 판단하기 위하여 사업의 특정시점에서 잔존하는 위험의 크기 대비 잔존하는 비상예비비의 규모를 비교하는 것이다.

8.3.6 사업현황 회의(status meetings)

사업위험관리는 정기적인 사업현황회의의 안건으로서 인지된 위험요인, 우선순위, 대응계획 등이 포함된다. 위험관리는 자주 실행할수록 수월해지며, 위험에 대한 빈번한 토론은 위험요인 특히 위협에 대해 더욱 쉽고 정확하게 이해할 수 있도록 한다.

8.4 위험추적 및 통제 결과물

8.4.1 갱신된 위험등록부(updated risk register)

갱신된 위험등록부는 다음 사항을 포함한다.

- 위험 재평가, 위험감사, 그리고 정기적인 위험 검토의 결과물. 이러한 결과물들은 위험등록부의 확률, 영향, 우선순위, 대응계획, 소유권, 그리고 다른 요소들의 갱신을 포함하며, 또한 더 이상 적용되지 않는 마감된 위험요인들을 포함한다.
- 사업위험과 사업관리자가 전체 조직 및 후속 사업을 위해 위험에 대한 계획을 수립하는 위험대응의 실제 결과물. 이것은 사업위험관리의 기록을 완성시키며, 사업완료보고서(project closure documents)의 일부가 된다.

8.4.2 요구된 변경(requested changes)

비상계획 또는 차선책(workaround)을 실행하기 위하여 사업관리계획의 변경이 필요하다. 이러한 변경의 필요성은 위험추적 및 통제의 결과로서 통합변경관리과정(integrated change control process)을 통해 반영된다.

8.4.3 추천된 조치 활동(recommended corrective actions)

추천된 조치 활동은 비상계획과 차선책을 포함한다. 차선책은 최초에 계획되지 않은 대응이지만, 이전에 인지되지 않았거나 수동적으로 인정했던 위험요인들을 처리하기 위해 필요하다. 차선책은 적절하게 문서화되고 사업실행과 추적 및 통제과정에 포함되어야 한다.

8.4.4 추천된 예방 활동(recommended preventive actions)

추천된 예방 활동은 사업관리계획과 일치하도록 실행되어야 한다.

8.4.5 갱신된 조직 운영 자산(updated organizational process assets)

여섯 단계의 위험관리 프로세스는 후속 사업을 위한 정보를 제공하며 조직 운영 자산으로 확보된다. 발생확률, 영향 매트릭스, 위험등록부를 포함하는 위험관리계획은 참조자료(template)로서 사업완료시점에서 갱신된다. 위험요인들은 문서화되고 위험분류체계도 갱신된다. 사업위험관리로부터 얻어진 경험은 조직의 경험지식 데이터베이스에 저장된다. 사업활동의 실제 비용과 공기에 대한 자료도 조직의 데이터베이스에 저장되며, 위험등록부, 위험관리계획 참조자료, 체크리스트, 위험분류체계의 최종 형태도 저장된다.

8.4.6 갱신된 사업관리계획(updated project management plan)

만약 승인된 변경 요구가 위험관리과정에 효과적이라면 사업관리계획의 해당 분야 문서는 승인된 변경을 반영하기 위해 수정되고 재발행되어야 한다.

8.5 위험추적 및 통제 실제 사례

8.5.1 위험추적 및 통제 업무프로세스

위험대응전략을 실행한 뒤 위험요인의 변화를 추적하는 프로세스는 두 방향에서 수행된다.

첫째, 위험추적과정에서 새로운 위험을 인지하였을 경우는 위험인지단계부터 위험관리 업무를 다시 시작하는 과정을 반복하는 업무프로세스이다.

둘째, 위험추적과정에서 위험이 완전히 제거되지 않고 잔존하여 잔여위험도가 위험허용도를 초과할 경우 추가적 위험대응전략을 수립 실행하는 위험통제 업무프로세스이다. 그림 8.2은 위험추적 및 통제단계의 업무프로세스를 도식화한 것이다.

위험추적 및 통제의 최종 단계는 해당 위험요인이 제거 또는 계속 잔존하는지 최종 확인하는 것이다. 만약 위험대응전략 실행 후 위험이 완전히 제거되었거나, 현저하게 약화된 것이 확인되었다면 해당 위험요인은 관리대상에서 제외되며, 해당 위험요인에 대한 위험관리 프로세스는 종료되고, 위험관리 데이터베이스에 저장된다.

그러나 대응전략 실행 후에도 해당 위험요인이 제거되지 않고, 계속적으로 사업에 영향을 끼치고 있다고 판단되면 위험분석과 대응전략을 재수립할 필요가 있다. 이러한 경우 해당 위험요인에 대한 위험인지, 분석, 대응의 위험관리 프로세스를 반복해야 한다.

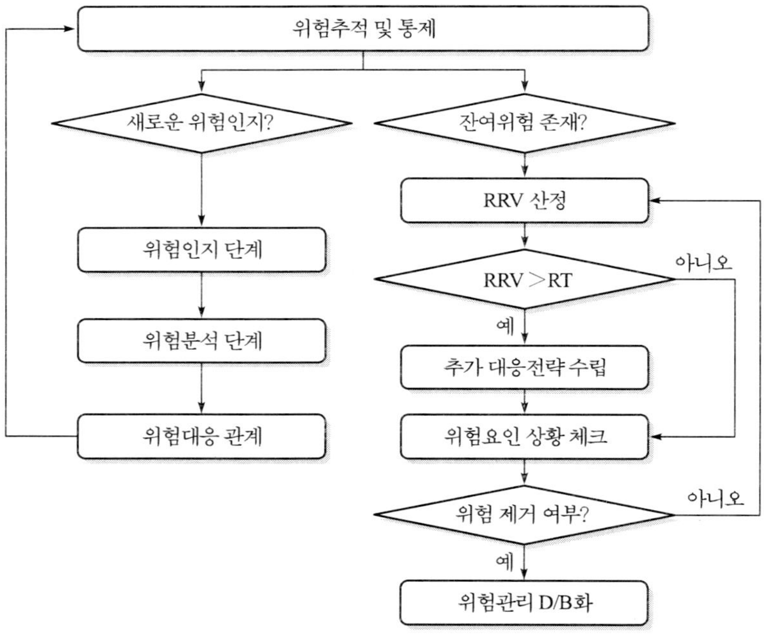

그림 8.2 위험추적 및 통제 업무프로세스

8.5.2 위험감사 예

이 책에서는 국내 A건설회사의 위험감사 예를 기술한다. 위험감사는 사업 내·외부에 잠재된 위험요인들에 대한 관리절차의 적절성, 위험관리를 통한 예상된 손실의 감소 또는 이익의 증대 정도를 계량화시킴으로써 위험관리의 목표를 효율적으로 달성하고자 하는데 목적이 있다. 위험감사는 사업수행 중 실시하는 정기감사와 사업완료 후 실시하는 사후감사로 구분하며, 위험감사 결과는 사업단위의 종합평가에 반영한다.

(1) 정기감사 절차 및 책임

정기감사는 사업단위의 위험관리업무에 대한 중간평가로서 분기별로 실시하는 것을 원칙으로 한다. 단, 위험관리과정에 대한 긴급한 평가가 필요할 경우는 예외로 한다. 정기감사 절차 및 책임은 다음과 같다(그림 8.3 참조).

① 사업단위 위험관리담당자는 해당분기 위험관리 평가를 실시하고, 이를 그림 8.4와 같은 서식의 위험관리평가표에 기록하여 위험관리자에게 분기마감 후 3일 이내에 제출한다.

② 위험관리자는 제출된 사업단위 위험관리평가표에 대해 분기별 발생된 위험요인에 대한 관리기록과 실제상황을 비교 검토하고 이를 확인한다.

③ 만약 사업단위 위험관리평가표와 사실이 일치하지 않을 경우 위험관리자는 위험관리담당자에게 확인을 요구할 수 있으며, 위험관리담당자는 이를 즉시 확인해 야 한다.

④ 위험관리자는 사업단위 최종 확인된 위험관리평가표를 취합한 그림 8.4와 같은 서식의 최종 위험관리평가표를 작성하여 위험평가위원회에 분기마감 후 7일 이내에 상정한다.

⑤ 위험평가위원회는 최종 위험관리평가표를 검토 승인하고, 위험관리 우수 사업을 선정하여 이를 공지하고 시상하도록 한다.

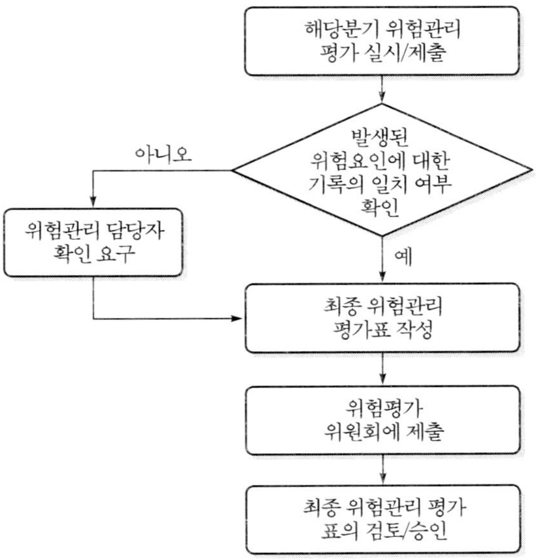

그림 8.3 정기감사 절차 및 책임

위험관리평가표

현장명 :　　　　　　　　　　　　　　　　평가일 :

평가방법	가중치	평가방법		점수
Ⅰ. 위험관리 조직	10			
1. 위험관리담당자	(5)	사업기간 중 선임여부 기준임		
		사업전기간 100%	5	
		사업기간 중 50%	2.5	
		선임하지 않음	0	
2. 위험평가그룹	(5)	사업기간 중 구성여부 기준임		
		사업전기간 100%	5	
		사업기간 중 50%	2.5	
		구성하지 않음	0	
Ⅱ. 위험관리 활동	20			
1. 위험인지활동	(10)	인지 총횟수/사업기간(월)		
		10회/월 이상	10	
		5회/월 이상	7	
		2회/월 이상	4	
		1회/월 이상	2	
2. 위험평가활동	(10)	분석횟수/사업기간(월)		
		7회/월 이상	10	
		5회/월 이상	8	
		3회/월 이상	5	
		2회/월 이상	3	
Ⅲ. 위험관리 효율성	70			
1. 금액기준	(40)	최종손실액/최초예상손실		
		10% 이하	40	
		30% 이하	30	
		50% 이하	20	
		70% 이하	10	
		90% 이하	5	
		90% 이상	0	
2. 사례기준	(30)	인지되지 않은 위기상황/총위기상황		
		10% 이하	30	
		30% 이하	20	
		50% 이하	10	
		70% 이하	5	
		70% 이상	0	
총 점	100			

그림 8.4 위험관리평가표

(2) 사후감사 절차 및 책임

사후감사는 사업이 완료되고 준공평가와 동시에 실시한다. 사후감사 절차 및 책임은 다음과 같다(그림 8.5 참조).

① 사업단위 위험관리담당자는 사업이 완료된 후 해당사업에 대한 위험관리 평가를 실시하고, 이를 그림 8.4와 같은 서식의 위험관리평가표에 기록하여 위험관리자에게 사업완료 후 30일 이내에 제출한다.

② 위험관리자는 제출된 사업단위 위험관리평가표에 대해 분기별로 중간평가 결과와 비교 검토하고 이를 확인한다.

③ 위험관리자는 사업단위 위험관리담당자에게 위험관리평가표에 대해 확인을 요구할 수 있으며, 위험관리담당자는 이를 즉시 확인해 주어야 한다.

④ 위험관리자는 사업단위 최종 확인된 위험관리평가표를 위험평가위원회에 상정한다.

⑤ 위험평가위원회는 최종 위험관리평가표를 검토 승인하고, 검토 결과를 준공현장평가에 반영한다.

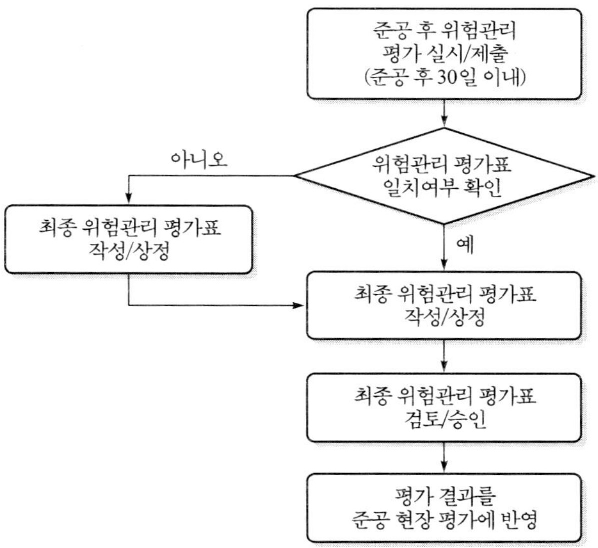

그림 8.5 사후감사 절차 및 책임

Construction project Risk Management

Part

III 위험관리 응용 기법

제9장 위험요인사전

제10장 VaR 개념을 응용한 위험허용도

제11장 위험성과지수

제9장 위험요인사전

9.1 위험요인사전 개발 배경

최근 사회간접자본 시설확충 사업을 시행함에 있어 민간투자 유치를 통한 재원확보에 매우 적극적이다. 민간투자 건설사업(이하 민자사업)은 기본적으로 인프라 시설(infrastructure)의 건설 및 운영을 민간부문이 담당하는 사업으로, 중앙정부를 비롯한 공공부문으로부터 해당 시설의 운영에 관한 독점적인 권한을 일정 기간 동안 부여받기 때문에 시장위험(market risk) 또한 상대적으로 낮은 사업으로 간주되고 있다. 그럼에도 불구하고 투자자들이 민자사업에 적극적이지 못하게 하는 원인중 하나는 사업의 추진과정에서 발생 가능한 다양한 위험, 특히 시공위험에 대한 지식이 부족하다는 점[1]이다.

건설공사 위험관리프로세스에서 위험인지단계에 적용되는 범용의 위험인지 도구인 위험요인 체크리스트(checklist)는 발생 가능한 위험요인을 단순히 나열하고 있어, 건설사업 수행 과정에 대한 지식이 부족한 민간투자자가 사업 전반에 대한 위험요인과 영향의 정도, 대응방법 등을 포괄적으로 이해하고 판단하기에는 매우 미흡하다.

따라서 민간투자자가 건설사업의 설계 및 시공과정 중 발생 가능한 건설위험들 뿐만 아니라, 해당 위험의 영향의 정도, 그리고 예상 가능한 최적의 대응전략, 나아가 대응전략을 수행해야 할 계약주체들까지 일목요연하게 파악할 수 있도록 하는 사전형식의 위험관리 도구가 필요하게 되었으며, 이를 '위험요인사전(risk factor dictionary)'이라 정의하였다. 이 책에서는 국내 엔지니어링 전문회사중 하나인 A사가 민자사업으로 계획 중인 철도 건설사업에 사업관리(PM) 주계약자로 활동하기 위한 준비업무로서 잠재적 민간투자자[2]에게 제출할 A사의 민간투자 건설사업 위험관리계획서의 일부로서 개발된 위험요인사전에 대해 기술한다.

1) 김정호, "민간투자사업 재무적 투자자의 투자 활성화 방안", 2004.12.7

2) 민간투자 건설사업이 확정되기 전 투자의향을 가진 민간투자자를 일컬음

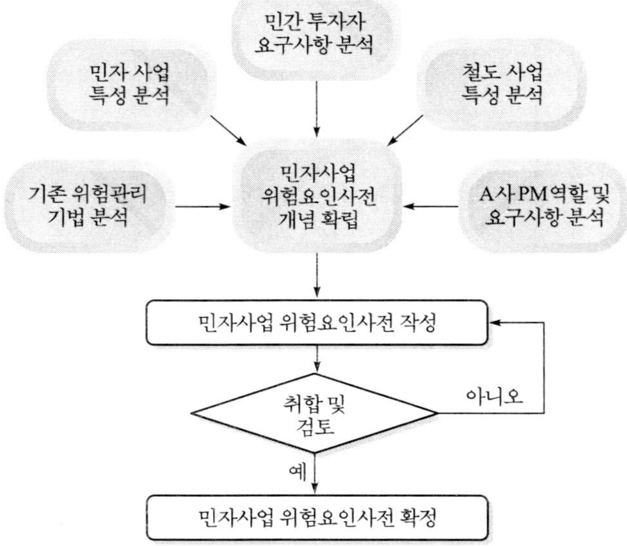

그림 9.1 민자사업 위험요인사전 개발 과정

위험요인사전을 개발하는 과정은 민자 및 철도사업의 특성과 민간투자자 요구사항, 기존 민자사업에 적용된 위험관리기법, A사의 PM역할 및 요구사항을 분석하여 국내 건설공사 민자사업 위험요인사전의 개념을 확립하는 단계와 이를 기준으로 민자사업 위험요인사전을 실질적으로 작성하는 단계로 구분하여 다음과 같이 진행하였다(그림 9.1 참조).

첫째, 민자사업과 철도사업의 특성을 광범위하게 조사하였으며, 특히 민간투자자가 민자사업에 투자하기 위한 전제조건 또는 요구사항을 집중적으로 분석하였다.

둘째, 민자사업에 적용된 기존의 위험관리 기법들을 조사하고, 특히 A사가 사업관리자 역할을 수행할 때 필요한 사항과 요구사항에 대해 분석한 다음, A사와 공동으로 민자사업 위험요인사전의 개념을 도출하고 확립하였다.

셋째, 확립된 민자사업 위험요인사전 개념을 기본으로, A사가 사업관리자로서 민자사업의 위험관리에 적용할 수 있는 위험요인사전을 개발 완료하였다.

9.2 A사의 위험관리 요구사항 분석

9.1절에서 기술한 바와 같이 위험요인사전 개발은 A사가 잠재적인 민간투자 철도사업의 사업관리 주계약자로 활동하기 위한 준비업무의 일환으로 수행되었다. 따라서 A사가

위험관리 업무를 수행하고자 하는 목적에 부합하도록 위험관리계획이 수립되고, 이를 실질적으로 실현시킬 수 있는 위험관리기법의 적용을 전제로 하고 있다. 그러므로 A사가 위험관리 분야에서 요구하는 사항들을 우선적으로 조사 분석하는 것은 매우 중요하며, A사의 위험관리 분야 요구사항을 요약 정리하면 다음과 같다.

첫째, 위험관리의 모든 과정이 표(table)의 형식으로 표현되어야 한다. 즉 대부분의 기존 위험관리계획서들은 서술식인 절차서의 형태로 표현되어 있어, 특정 위험요인에 대한 위험관리 프로세스 전반에 대해 동일한 문단 또는 페이지(page)에서 파악 및 추적하는 것은 불가능하다. 따라서 특정 위험요인에 대한 위험관리 프로세스 즉 위험요인의 인지, 영향의 분석, 대응전략, 대응하는 계약주체까지 동일한 문단 또는 페이지에서 파악하고 추적할 수 있도록 표의 형식으로 표현되어야 한다.

둘째, 적용되는 위험관리기법은 민자사업에 참여하는 모든 계약당사자가 편리하게 활용할 수 있어야 한다. 즉 특정 계약당사자만을 대상으로 해서는 안 되며, 모든 계약당사자들이 위험관리 프로세스에 대해 이해할 수 있고, 공유할 수 있으며, 특정 위험요인에 대한 처리절차 및 실행책임까지도 명확히 인식할 수 있어야 한다.

셋째, 위험관리 프로세스는 해당사업에 대해 경험이 없거나 미흡한 사업 참여자에게는 사업의 특성을 신속 정확하게 파악하는 길잡이 역할을 하고, 기 경험자에게는 경험을 통한 학습(lessons learned)의 결과들이 쉽게 반영될 수 있는 방식으로 표현되어야 한다.

이상과 같은 A사의 요구사항에 대해 면밀히 분석한 결과, 특정 위험요인에 대한 위험관리 프로세스가 동일한 페이지에 모두 표시되는 표의 형식으로서, 위험관리 인지단계에서 가장 보편적으로 적용되는 위험요인 체크리스트(checklist) 형식을 기본으로, 체크리스트에 나열되는 각각의 위험요인들에 대한 영향분석, 대응전략, 대응주체까지 기술하는 체크리스트의 확장 형태로 잠정 결정하였다(그림 9.2 참조).

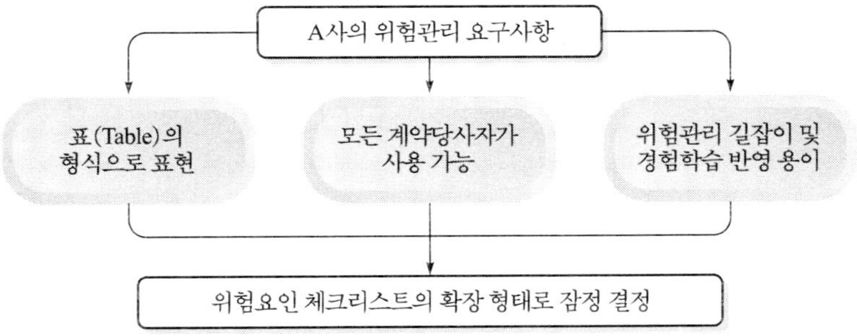

그림 9.2 A사의 위험관리 요구사항 분석

9.3 위험요인 체크리스트 사례 조사 및 분석

9.3.1 기존 위험요인 체크리스트 사례

A사의 요구사항에 대한 분석을 토대로 과거 실행되었거나 또는 현재 실행중인 위험관리기법중 위험요인 체크리스트에 대해 국내·외 사례를 광범위하게 조사하였다. 그 결과 해외 위험요인 체크리스트 사례로서 철도사업에 대한 위험관리시스템을 체계적으로 구축 및 운영하고 있는 미국 교통성(Department of Transportation, DOT)산하 미국 연방교통국(Federal Transit Administration, FTA)의 철도교통체계 건설 위험평가[3] 중 위험요인 체크리스트(risk checklist)와 미국 건설산업협회(Construction Industry Institute, CII)에서 개발한 해외건설사업 위험평가도구[4] 중 위험요인 평가표(risk assessment worksheet), 국내 사례로서 B건설이 자체 건설공사의 체계적인 위험관리를 위해 개발한 위험관리계획서[5] 중 위험요인 체크리스트를 대표적인 조사대상으로 선정하였다. 조사대상 위험요인 체크리스트 개요를 정리하면 표 9.1과 같다.

표 9.1 조사대상 위험요인 체크리스트 개요

기관 명	체크리스트 구성	위험요인(수)	주요 적용단계
FTA	-Major Categories	15	Conceptual Planning
	-Sub Categories	104	
	-Items	119	
CII	-Sections	4	Feasibility & Bidding
	-Categories	14	
	-Elements	82	
B건설	-대분류	2	시공
	-중분류	11	
	-소분류	51	
	-상세분류	223	

3) FTA, "Risk Assessment in Fixed Guideway Transit System Construction", Publication No. DOT-T-95-01, 1994

4) CII, "Development of the Internaltional Project Risk Assessment(IPRA) Tool" , 2003

5) B건설(주), "위험관리계획서 작성 및 위험관리 D/B개발" , 2003

FTA 위험요인 체크리스트의 특징은 발주자 관점에서 반복적인 철도건설사업을 쉽게 이해하기 위한 목적으로 구성되었다.[6] 따라서 사용자의 편의를 위해 시간순서 형식(chronological format)으로 체크리스트가 구성되었으며, 통상적으로 건설과정의 생애주기(life cycle)동안 발생할 수 있는 순서로 위험요인을 나열하고 있다. FTA 위험요인 체크리스트는 주로 사업계획을 수립하는 단계(conceptual planning)에 적용되는 것을 목표로 하고 있으나 전체 사업의 다양한 단계에서 사업의 평가 및 재평가(re- evaluation)에 적용될 수 있도록 구성되어 있다. 체크리스트의 용도는 철도건설사업에 내재된 위험요인들에 대해 발생 가능성을 높음(high), 중간(moderate), 낮음(low)으로 평가하는 것으로서 위험요인으로 인한 영향의 정도 및 대응전략 등에 대해서는 기술하지 않고 있다. 그림 9.3은 FTA 위험요인 체크리스트의 예를 보여주고 있다.

1. Project Feasibility

A. Technical Feasibility
   1) Is the technical process or design mature?
   2) Are there portion of the project which contain non-standard design technology or highly technological elements with strict tolerances?
   3) Will the design require the contractor to employ highly trained personnel and will the contractor be able to control the quality of their work?
   4) Dose the contract require the use of specialized equipment?
   5) Dose the contract call for specialized methods to achieve the desired goals?

B. Long term viability
   1) To what extent will the project require long-term operating and maintenance subsides?
   2) What are the demographic projections for this area? That is, will the project serve smaller and smaller populations?
   3) What is the future capacity of the system?
   4) Has a rigorous Alternatives Analysis been conducted?

C. Political Circumstances
   1) Will there be unusual government intervention in any if the following? Design standards, environmental issues, site location, pricing, reporting requirements, permit issuance, inspections, customs
   2) What are the chances for: riots, strikes, etc. ?

그림 9.3 FTA 위험요인 체크리스트(예)

6) DOT-T-95-1, "The risk checklist has been organized with the objective of developing an easy to understand and repeatable set of guidelines for fixed guideway transit systems from the owner's prospective.", 1994

Risk Assessment Sheet - SECTION III - FACILITIES														
CATEGORY		Likelihood of Occurrence (L)					Relative Impact (I)					Baseline	Coordinate L,I	Comments
		Very Low → Very High					Negligible → Extreme							
	NA	1	2	3	4	5	A	B	C	D	E			
III.A. PROJECT SCOPE														
III.A.1. Scope development process												D		
III.A.2. Technology												D		
III.A.3. Hazardous material requirement												B		
III.A.4. Environmental, health, and safety												C		
III.A.5. Utilities and basic infrastructure												C		
III.A.6. Site selection and clear title												B		
III.A.7. Approvals, permits and licensing												B		

그림 9.4 CII 위험요인 평가표(예)

CII 위험요인 평가표는 해외건설사업에 한정된 위험요인들을 인지하고 평가하기 위한 사용자 편의위주의 체계적인 프로세스로서 발주자 또는 계약자를 위해 개발되었으며,[7] 사업 착수 전, 그리고 사업수행기간동안 위험의 수준을 측정하기 위해 인지된 위험요인들의 상대적인 중요성을 순위 매김하도록 되어있다.[8] CII 위험요인 평가표는 사업 착수 전 사업타당성 분석 및 수주단계에 주로 적용되도록 구성되어 있으나 사업수행 전체 기간에 걸쳐 사업에 내재된 위험요인들을 반복적으로 평가하는 도구로 활용할 수도 있다. 위험요인 평가표에 위험의 발생가능성(likelihood of occurrence, L)과 상대적 영향의 정도(relative impact, I)를 5점 척도[9]로 평가하면 이들의 곱(coordinate)이 계산되고 이를 위험요인 평가 매트릭스(risk assessment matrix)[10]로 위험의 크기를 정량화하게

7) CII, “to develop a user-friendly systematic process to identify and assess the risks specific to international construction for the owner and contractor organization”, IPRA, 1994

8) CII, 'to rank-order the relative importance of the identified risks to gauge the level of risks on projects prior to and throughout the project's life cycle', IPRA, 1994

9) 위험발생가능성은 1에서 5의 등급으로 1은 발생가능성이 매우 낮고(<10%), 5는 발생가능성이 매우 높은 것(>90%)을 나타내며, 상대적 영향의 정도는 A에서 E의 등급으로 A는 무시할 정도(negligible), E는 극단적으로 큰 정도(extreme)를 나타냄

10) IPRA 위험요인 평가 매트릭스는 Y축은 발생가능성(L)을 X축은 상대적 영향의 정도(I)를 표시하는 매트릭스

된다. 따라서 CII 위험요인 평가표는 위험요인을 인지하는 용도에 더해 위험요인의 발생 가능성과 영향의 정도를 분석할 수 있는 위험관리도구로서 활용이 가능하다. 그림 9.4는 CII 위험요인 평가표의 예를 보여주고 있다.

위험분류체계				상세위험요인	Check Box	
대분류	중분류	소분류	상세분류		Yes	No
C00 회사 공통	C10 영업 수주	C13 사업 타당성	001	사업타당성 분석 오류	☐	☐
			002	사업수익성 저하	☐	☐
			003	저가 수주	☐	☐
			004	사업복잡성 증가	☐	☐
			005	수주비용 초과	☐	☐
			006	시장수요 예측 실패	☐	☐
			007		☐	☐
			008		☐	☐
			009		☐	☐
			010		☐	☐
		C10 계약 체결	001	부적절한 계약방식	☐	☐
			002	발주자 요구의 복잡성	☐	☐
			003	권한과 책임 정의 미비	☐	☐
			004	하도급 관리 결정권 미흡	☐	☐
			005	불리한 계약 조건	☐	☐
			006		☐	☐
			007		☐	☐
			008		☐	☐
			009		☐	☐
			010		☐	☐

그림 9.5 B건설 위험요인 체크리스트(예)

B건설의 위험요인 체크리스트는 국내 건설환경에 적합한 건설현장 실무자 중심의 위험관리계획서를 작성하는 과정에서 위험인지단계에 적용하는 위험인지기법[11] 중 하나로

형태로, L*I의 빈도(frequencies)를 표시하게 되어 있음

서 개발되었다. 따라서 B건설 위험요인 체크리스트는 시공단계 중심의 위험인지 도구로서 현장에서 일상적으로 인지되는 위험요인의 인지여부만을 체크(check)하도록 되어 있고 위험요인의 인지가 체크되면 위험인지의 실질적인 프로세스를 진행하게 된다.[12] 그러므로 B건설의 위험요인 체크리스트는 위험을 인지하는 도구로 제한되므로 위험의 영향분석이나 대응전략 수립 등 위험관리 프로세스 전반에 대해 기술하지 않고 있다. 그림 9.5는 B건설 위험요인 체크리스트 예를 보여주고 있다.

9.3.2 기존 위험요인 체크리스트 사례 비교분석

2.2절에서 조사된 기존 위험요인 체크리스트들의 특징들을 A사의 요구사항과 비교하여 A사가 사업관리자로서 민간투자사업의 위험관리업무에 기존 위험요인 체크리스트들을 도입 및 적용 가능한지 비교분석하였으며 그 결과는 다음과 같다(표 9.2 참조).

표 9.2 기존 위험요인 체크리스트 비교표

기존 위험요인 체크리스트	A사 요구사항			
	1	2	3	
	표(table) 형식 표현	모든 계약당사자 사용 가능	위험관리 길잡이 및 경험학습 가능	부합여부
FTA	서술식	발주자	위험발생 가능성 3등급 표시	매우 미흡
CII	표	발주자 또는 계약자	위험발생확률 및 영향정도 5등급 표시	미흡
B건설	표	건설회사 현장실무자	위험요인 인지여부 체크	매우 미흡

첫째, 위험요인 체크리스트들의 표현 형식이 A사의 요구사항인 표(table)의 형태인지에 대해서는 FTA를 제외하고 CII와 B건설의 체크리스트는 만족하는 것으로 분석되었다.

둘째, 위험요인 체크리스트들이 건설사업의 모든 계약당사자가 사용 가능한지에 대해서는 FTA는 발주자, B건설은 건설회사 현장실무자에 제한되고 있으나 CII는 발주자 또는 계약자가 사용 가능한 것으로 분석되었다.

11) B건설의 위험관리계획서에는 위험인지단계에 적용되는 위험인지기법들로 체크리스트법, 브레인스토밍(brainstorming)법, 인터뷰(interview)법, 실시간(real time)법을 정의하고 있음

12) 위험인지의 실질적인 프로세스는 위험요인 체크리스트에서 체크된 위험요인에 대한 상세한 정보, 즉 위험을 인지한 장소, 공사단계, 인지방법, 위험분석 실행 여부 등을 입력하고 판단하는 과정임

셋째, 위험요인 체크리스트들이 사업경험이 미흡한 사업 참여자에게 위험관리에 대한 길잡이 역할을 하고 경험을 통한 학습의 결과를 반영할 수 있는지에 대해서는 기존 위험요인 체크리스트 모두 단순한 위험인지 체크, 또는 위험확률 등급판정 및 등급에 따른 위험도 산정 정도만 가능하여 미흡한 것을 분석되었다.

이상과 같이 기존 위험요인 체크리스트들은 A사의 요구사항 중 표의 형식 및 일부 위험요인 분석기능을 제외한 대부분의 요구사항들에 미흡하거나 매우 미흡한 것으로 분석되었다.

따라서 A사의 요구사항을 만족시킬 수 있는 새로운 형식의 위험요인 체크리스트 개발 필요성을 인식하고, 민자사업 위험요인사전(risk factor dictionary)[13]이라는 새로운 개념을 도출하게 되었다.

9.4 민자사업 위험요인사전 개념

A사의 위험관리 요구사항을 만족시키기 위한 새로운 형태의 위험요인 체크리스트인 민자사업 위험요인사전 개념을 도출한 과정은 다음과 같다.

첫 번째 요구사항인 위험관리의 모든 과정을 표의 형식으로 표현하기 위해, 위험관리 프로세스의 기본단계인 위험인지(risk identification), 위험분석(risk analysis), 위험대응(risk response) 과정을 중심으로 위험요인을 구분하는 인식체계(identification system), 해당 위험요인을 관리해야 할 계약주체까지 한 페이지에 표현해야만 한다. 따라서 기존 위험요인 체크리스트보다 많은 열을 표에 추가해야 하므로 첫 번째 요구사항을 반영한 위험요인사전의 기본 형식은 그림 9.6과 같이 표현될 수 있다.

Risk No.	위험요인	영향도	대응전략	계약주체

그림 9.6 위험요인사전 기본 형식

13) 위험요인사전이라는 용어는 원자력발전소 건설사업의 사업관리체계에서 업무분류체계(Work Breakdown Structure, WBS)상의 단위업무(work unit)들과 WBS를 기준으로 구성되는 사업번호체계(Project Numbering System, PNS)들을 상세하게 설명한 업무분류체계사전(WBS Dictionary)의 명칭을 참조한 것임

두 번째 요구사항인 적용되는 위험관리기법을 민자사업에 참여하는 모든 계약당사자가 편하게 사용할 수 있도록 하기 위해, 위험요인사전의 위험요인들을 사업의 전체 단계, 모든 분야, 모든 계약주체를 체계적으로 구분하고 나열할 필요가 있다.

만약 FTA 위험요인 체크리스트 또는 B건설 위험요인 체크리스트와 같이 특정 계약당사자를 위한 1차원적 서술식의 위험요인 나열형태, 즉 위험요인들이 하나의 대분류로 부터 단순 하향 계층화되는 형태로 표현할 경우(그림 9.7 참조), 위험요인들의 나열이 무한정 이어질 뿐만 아니라 특정 위험요인에 대한 사업단계, 분야, 계약주체에 대한 구분도 명확해지지 않는다.

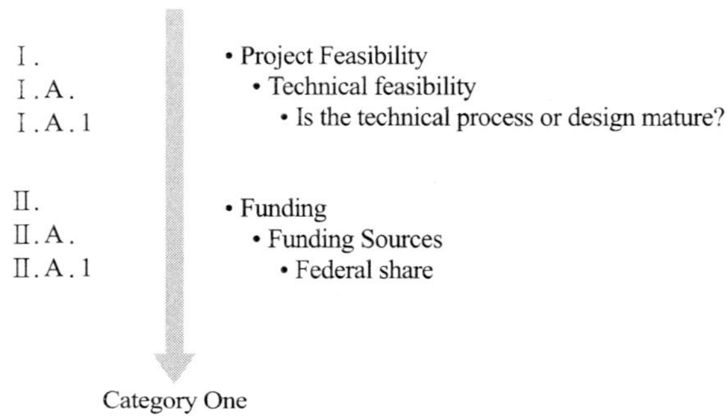

그림 9.7 1차원적 위험요인 나열

이러한 1차원적 서술식 위험요인 나열형태의 문제점을 극복하기 위해 두 개의 대분류(two categories)를 행렬(matrix) 형식으로 정렬하고, 행(column)과 열(row)이 교차하는 곳에 위험요인을 2차원으로 구분하고 나열하는 방법을 모색할 수 있다(그림 9.8 참조).

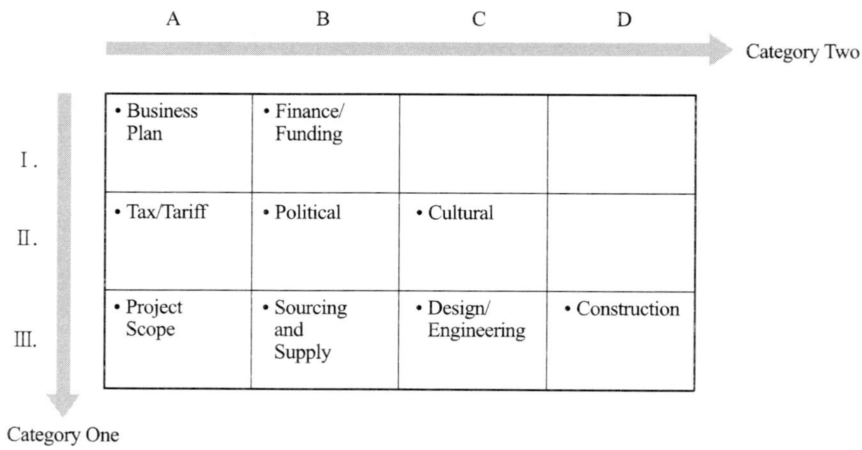

그림 9.8 2차원적 위험요인 구분

그러나 2차원적 나열 방법은 사업의 단계와 분야만을 행과 열에 명시할 수 있으므로 또 다른 대분류인 계약주체를 명확하게 구분할 수 없다. 따라서 사업의 단계 및 분야와 더불어 모든 계약당사자까지도 명시할 수 있는 나열형태는 세 개의 대분류를 X, Y, Z축으로 나열하는 3차원적 입방(cubic) 형식이 되어야 한다. 그러므로 위험요인사전에서 위험을 구분하는 기본형식은 그림 9.9와 같이 3차원적 위험요인 구분 방식으로 표현될 수 있다. 그림 9는 사업단계가 협상단계(III), 사업분야가 법/제도분야(C), 계약당사자가 사업시행자(3)에 해당하는 위험요인을 구분하는 예를 보여주고 있다.

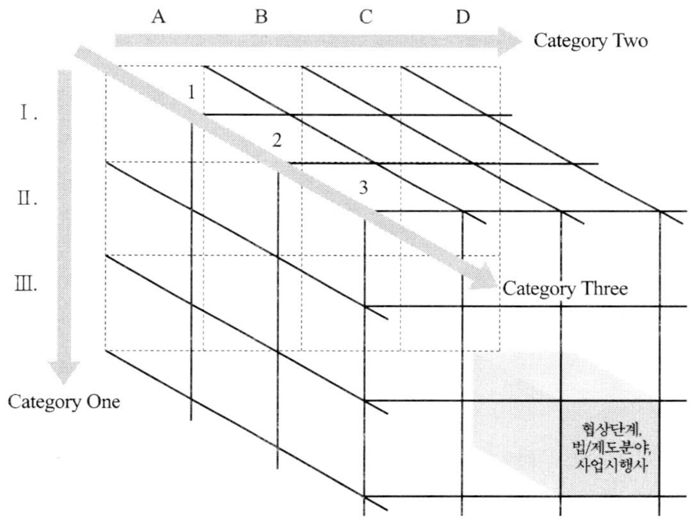

그림 9.9 3차원적 위험요인 구분

세 번째 요구사항인 위험관리 프로세스가 사업경험이 없거나 미흡한 사업 참여자에게는 사업의 특성을 신속 정확하게 파악하는 길잡이 역할을 할 수 있도록 하기 위해 위험요인사전에 포함되는 위험요인의 영향도 및 대응전략을 표현할 때 개조식이 아닌 서술식[14] 형태를 적용할 필요가 있다. 또한 기 경험자에게 경험을 통한 학습의 결과들이 쉽게 반영될 수 있도록 하기 위해 위험의 영향 및 대응전략을 단독 항목으로 표현하기보다 가능하면 다양한 대안들을 제시하는 복수항목[15]으로 표현하고 위험요인사전의 갱신 절

14) 예를 들면 위험요인 "J/V 및 Consortium 해체"의 영향도를 "사업 중단"이란 개조식이 아닌 "사업의 중단 및 그로 인한 피해 보상 책임 발생"이란 서술식으로 표현함

15) 예를 들면 위험요인 '과도한 보증요구 및 보증증권 발행 누락'에 대한 대응전략을 '■사전 계약서 내용 분석을 통한 보험 누락사항 제거, ■보증문제에 대한 현실성 및 보증상의 문제점 등을 분석하고 사전 협의를 통한 추진, ■보험사와 Coverage 협의 하고 발주처의 확인 후 처리' 등 복수 항목으로 표현함

차(update procedure)를 단순화시켜 위험요인사전이 경험학습의 장이 될 수 있도록 할 필요가 있다.

이상과 같이 A사의 요구사항을 만족시키는 새로운 형태의 민자사업 위험요인사전은 위험관리단계를 한 페이지에 모두 표현하는 표의 형식으로, 3차원의 위험분류체계를 적용하고, 서술식의 복수항목으로 구성된 개념으로 정의하였다.

9.5 민자사업 위험요인사전 작성

9.5.1 민자사업 위험요인사전 구성

민자사업 위험요인사전은 민자사업을 주도적으로 수행하는 사업시행자 관점에서 민자사업에 내재된 위험요인들을 정확하게 이해하고 이를 효율적으로 관리하기 위한 것으로서 민자사업 위험요인 분류체계를 정립하고, 인지 가능한 모든 잠재적 상세 위험요인들을 도출하며, 상세 위험요인별 범위 및 상세 설명, 영향의 정도, 대응전략 및 대응주체를 정의해야 한다.

따라서 민자사업 위험요인사전의 목차는 위험요인사전의 목적, 위험요인 분류체계, 위험요인사전 유지관리 등에 대해 정의한 일반사항과 민자사업 위험요인사전 형식과 내용에 대해 기술한 일람표로 표 9.3과 같이 구성되었다.

표 9.3 민자사업 위험요인사전 목차

주요목차	세부목차
1. 일반사항	1.1 목적
	1.2 위험요인 분류체계
	1.2.1 사업단계 분류체계
	1.2.2 사업분야 분류체계
	1.2.3 계약주체 분류체계
	1.3 위험요인사전 유지관리

주요목차	세부목차
2. 민자사업 위험요인 일람표	2.1 일반사항
	2.1.1 RN(Risk Identification Number)
	2.1.2 위험요인
	2.1.3 영향도
	2.1.4 대응전략
	2.1.5 대응주체

9.5.2 민자사업 위험요인 분류체계

민자사업 위험요인 분류체계는 A사의 두 번째 요구사항을 만족시키기 위해 3차원적 위험요인 구분형식을 도입하여 사업단계별, 사업분야별, 계약주체별로 구성하였으며, 위험요인 분류체계내 상세위험요인들은 그림 9.10과 같은 위험요인 인식 번호체계(Risk Identification Numbering System, RINS)로 표시된다.

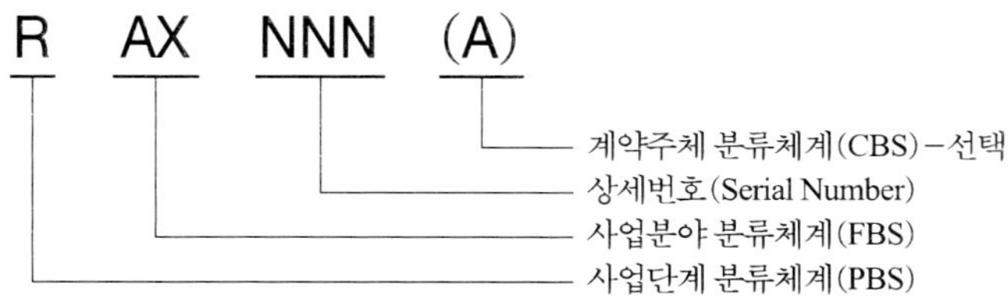

그림 9.10 위험요인 인식 번호체계

민자사업 위험요인 분류체계의 첫 번째 차원인 사업단계 분류체계(Project Phase Breakdown Structure, PBS)는 민자사업 사업추진단계별로 위험요인을 분류한 것[16]으로 로마자(R)로 표시하며, 두 번째 차원인 사업분야 분류체계(Project Function Breakdown Structure, FBS)는 사업분야별 위험요인을 두 단계로 분류한 것[17]으로 레벨(level) 1은 영문자(A), 레벨 2는 숫자와 영문자의 조합(X)으로 표시한다. 세 번째 차원인 계약주체 분류체계(Contract Party Breakdown Structure, CBS)는 민자사업에 참여하는 계약주체별로 위험요인을 분류하는 것[18]으로 영문자(A)로 표시하며 선택적으로 적용한다.[19]

9.5.3 민자사업 위험요인사전 일람표

민자사업 위험요인사전 일람표는 위험요인들을 위험요인 인식 번호체계에 따라 분류하고, 해당 위험요인의 영향의 정도, 대응전략 및 대응주체를 일목요연하게 파악할 수 있도록 일람표 형식으로 기술된 민자사업 위험요인사전의 본문이다. 민자사업 위험요인 일람

16) 사업단계는 Ⅰ. 공통, Ⅱ. 사업개발-사업계획서 제출단계(기본계획, 기본설계 포함), Ⅲ. 협상단계, Ⅳ. 실시설계-실시계획 승인단계, Ⅴ. 시공-시운전단계, Ⅵ. 운영단계로 분류됨

17) 사업분야 레벨 1은 A. 경제/재무분야, B. 정치/문화분야, C. 법/제도분야, D. 계약/클레임분야, E. 인허가분야, F. 기술분야, G. 관리분야로 분류되며, 레벨 2는 레벨 1을 좀 더 상세히 구분하기 위해 적용함

18) 계약주체는 G. 정부, O. 사업시행자, C. 시공계약자, E. 엔지니어링계약자, B. 대주단, I. 보험사, R. 기타로 분류됨

19) 계약주체 분류체계를 모든 위험요인 인식 번호체계에 적용하는 것을 원칙으로 하나, 위험요인사전 일람표상에 해당 위험요인에 대한 대응주체 열(column)의 표시로서 충분한 경우 생략할 수 있음을 의미함

표의 형식은 A사의 요구사항 중 첫 번째 모든 위험관리의 모든 과정이 한 페이지에 나타나는 표(table)의 형식을 만족시키면서 세 번째 해당사업에 대해 경험이 없거나 미흡한 사업 참여자에게 사업의 특성을 신속 정확하게 파악하는 길잡이 역할을 할 수 있도록 구성되어야 한다는 전제조건을 최대한 만족시키는 형태로 그림 9.11과 같이 구성되었다.

민자사업 위험요인사전 일람표의 형식과 내용을 구체적으로 기술하면 다음과 같다. 그림 9.11은 ID1, 즉 민자사업 I(공통) 사업단계, D(계약/클레임)분야 중 1(계약)분야의 일람표의 일부로서 RN, 위험요인, 영향도, 대응전략, 대응주체를 한 장에 모두 나타내고 있다.

RN은 위험인식번호(Risk Identification Number)로서 위험요인 인식 번호체계 중 사업단계(PBS), 사업분야(FBS), 상세번호를 결합한 것이다. RN에 해당하는 위험요인(risk factor)은 사업에 참여하는 계약당사자 모두 이해할 수 있는 수준으로 상세하게 기술하고 있다.

ID1 : 공통사항 · 계약/클레임 · 계약(계속)

RN	위험요인	영향도	대응전략	대응주체					
				G	O	C	B	I	K
ID1008	• J/V 및 Consortium 해체	• 사업의 중단 및 피해 보상의 책임 발생 • 잔여 사업자들에 대한 해임/보상합계 전가	• 해체의 경우를 고려한 상호 대책안협의 (필요시 합의서 체결) • 사업 중단에 대한 법적 피해 보상대책 마련		○		●		
ID1009	• 과도한 보증요구 및 방대한 양의 계약문서	• 계약 문서 상호간의 충돌로 인한 업무범위 및 책임의 해석이 상이	• 계약 문제 및 계약문서의 분석을 통한 상호 충돌 인자 제거	○	●	○			
ID1010	• 과도한 보증요구 및 방대한 양의 계약문서	• 보증을 위한 과도한 경비 지출 • LA가 요구한 보험의 누락으로 손실시 복구대책상 문제 발생	• 사전 계약서 내용 분석을 통한 보험 누락사항 제거 • 가능하다면, 보증 문제에 대한 현실성 및 보증상의 문제점 등을 분석 • 사전 협의를 통한 추진방안 조율 보험사와 Coverage 협의 후 발주처에 확인 후 처리	○	●			○	

그림 9.11 민자사업 위험요인사전 일람표(예)

위험요인으로 인한 영향도(impact)는 위험요인사전이 작성되는 시점에서 위험요인으로 인해 예측 가능한 모든 손실의 정도 및 영향을 서술식과 복수항목으로 기술하고 있다. 위험요인의 영향에 따른 대응전략(response strategy)은 영향도와 동일하게 위험요인에 대응하기 위해 가장 적절하다고 예측되는 모든 대응전략을 서술식과 복수 항목으로 기술하고 있다. 대응전략을 수립하고 실행하는 계약주체들을 구분한 대응주체(responsible party)는 대응책임에 대한 관련정도를 나타내는 기호로 표시하는데, 대응책임 기호(●)는 해당 위험요인에 대해 대응할 책임이 있는 주체, 즉 대응주체를 표시하고, 대응상대 기호(○)는 해당 위험요인과 관련된 대응상대를 나타내고 있다. 최종 작성 완료된 민자사업 위험요인 일람표는 A4 용지기준 100페이지(page) 분량으로 총 645개의 위험요인들을 나열하고 있다.

9.5.4 민자사업 위험요인사전 개발성과 및 제한사항

민자사업 위험요인사전을 개발하는 과정을 통해 A사에 직·간접적으로 많은 성과가 있었으며 이를 요약 정리하면 다음과 같다.

첫째, 민자사업 위험요인사전 개발의 가장 중요한 성과는 민간투자자에게 민자사업 전반에 잠재된 위험요인들을 충분히 인지시키는 동시에, A사의 사업관리 수행능력 전반에 대한 신뢰를 심어주는 계기가 되었다.

둘째, 기존 위험관리 체크리스트들이 위험인지단계에 제한적으로 활용될 수 있는 것과 달리, 위험요인사전은 위험관리 전체 단계에서 사업참여자 모두 유용하게 활용할 수 있는 사업관리 도구임이 입증되었다.

셋째, A사의 철도사업 전반에 대한 실무경험과 사업관리 노하우(know-how)를 체계적으로 정리하고, 위험관리 프로세스 관점에서 관련 자료들을 지식정보화시키는 계기가 되었다.

넷째, 철도사업 경험이 없거나 부족한 직원들에게는 사업의 특성을 신속 정확하게 이해시켜 사업에 적응하는 기간을 단축시키는 동시에 유경험자에게는 사업관리 핵심을 실시간으로 짚어 주는 지침서가 되었다.

이상과 같은 개발성과에도 불구하고 위험요인사전이 위험관리 프로세스 전체 과정을 한 페이지에 모두 표현하는 형식으로 인하여 위험요인을 정성적 또는 정량적으로 분석하는 과정, 위험분석 결과에 따라 대응전략을 선택하는 과정, 대응전략의 효율성 및 대응전략 비용을 산정하는 과정 등이 생략되어 있다. 따라서 위험요인사전은 위험관리단계별 정밀한 위험관리기법들을 요구하는 경우 해당 위험관리기법들을 적용하는 절차 또는 지침들이 추가될 필요가 있다.

위험요인사전이 위험요인, 영향도, 대응전략, 대응주체를 명시한 단순화된 일람표임에도 불구하고, 위험요인사전을 개발하는 과정에서 단순한 일람표를 뛰어넘는 많은 직·간접적 성과를 이루었다는 것에 큰 의미가 있다. 따라서 위험요인사전은 국내 민자사업을 위한 위험관리 도구로 뿐만 아니라 일반 건설공사에서도 적용되어 국내 건설공사에 대한 위험관리 수행능력을 한 단계 발전시키는데 기여할 수 있을 것으로 기대한다.

제10장 VaR 개념을 응용한 위험허용도

10.1 VaR 개념에 대한 고찰

건설공사의 위험허용도는 체계적이며 합리적으로 산정되어야 하며, 산정방법도 분명한 이론적 근거를 갖고 있을 필요가 있다. 이러한 관점에서 금융기관의 위험관리기법으로 폭넓게 적용되어 검증된 VaR(Value at Risk)기법에 대한 고찰은 매우 중요한 의미를 가진다. 왜냐하면 건설업 또한 전체 산업을 구성하는 일부이므로 타 산업분야에서 최근에 가장 광범위하게 실무에 적용되어 그 효용성이 검증된 위험관리기법이라면 건설공사에서도 응용 가능성이 높으리라 추정할 수 있기 때문이다.

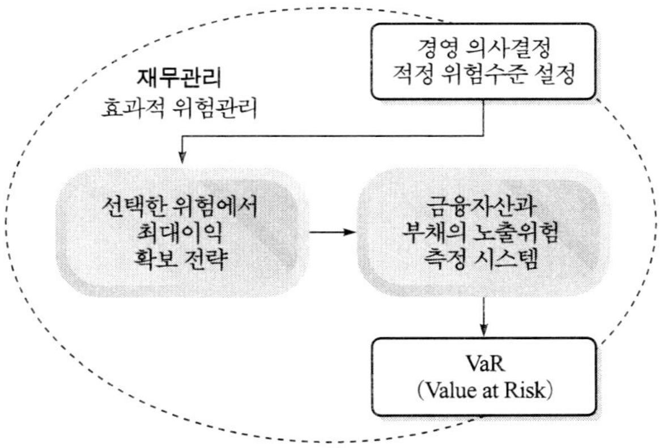

그림 10.1 VaR의 개념

금융기관은 재무관리에서 효율적인 위험관리를 위하여 경영의사결정을 위한 적정위험 수준을 설정하고, 선택한 위험에서 최대의 기대이익을 얻는 적극적 전략이 필요하다. 이를 위해서는 원하는 시점에서 금융자산과 부채의 노출위험을 측정하는 시스템이 필요한데, 이것이 VaR 시스템이다.[20](그림 10.1 참조) VaR 기법은 금융기관들이 상품거래에

20) 오세경, 김진호, 이건호, "위험관리론", 경문사, 1999, p220-221

수반되는 위험을 적극적이고 효율적으로 관리하기 위하여 도입하였으며, 금융시장의 금리, 주가, 환율 등 기초적 시장가격 뿐만 아니라, 신용평가, 제조업 분야에까지 폭넓게 적용되는 위험관리 기법이다.

VaR에 의해 산정된 최대 손실금액은 특정회사의 사업수행능력의 지표이다. 회사별 사업수행능력 차이는 회사의 경영능력, 자금력, 조직, 기술력들의 차이로부터 발생하며 그 결과 회사직원 1인당 생산성, 수익률의 차이로 나타난다. 즉 VaR는 사업수행시 특정회사가 감당해야 할 위험의 최대 수준인 것이다. 그리고 VaR는 회사가 지출해야 하는 예비비항목, 즉 비상금액이 아니다. VaR는 회사의 환경, 사업환경에서 계산되는 최대 수용 가능한 손실률로부터 계산된 금액이다. 따라서 VaR는 회사나 조직이 수용할 수 있는 위험의 한계수준, 즉 위험의 허용도가 될 수 있다. 이는 VaR가 사업 수행시 인지된 위험들의 대응여부를 결정하는 기준이 될 수 있는 조건을 갖추고 있음을 의미한다.

그리고 금융기관에서 수익률이 다른 여러 주식에 분산 투자하여 위험을 감소시키는 것과 건설회사가 수익률이 다른 다양한 공사 다수를 통해 회사의 위험을 감소시키는 것은 동일하기 때문에 금융주식의 포트폴리오와 건설공사 포트폴리오는 동일한 개념이라 할 수 있다. 따라서 금융분야에 적용되는 VaR기법이 포트폴리오의 수익률 분석을 기반으로 하고 있으므로 건설회사에서도 공사 포트폴리오 수익률 분석에 이를 적용할 수 있다. 이와 같이 VaR와 위험허용도 비교를 통해 금융시장 위험을 관리하기 위한 기준을 산정하는 VaR기법은 건설공사의 위험허용도를 산정하는 방법론으로 적용 가능함을 알 수 있다. 표 10.1은 VaR와 건설공사 위험허용도를 비교한 내용이다. 나아가 VaR 기법은 회사가 기존의 원가관리체계로 구축된 데이터베이스를 활용하므로, 별도로 위험허용도 산정을 위한 데이터 수집 노력과 시간을 대폭 절약할 수 있는 장점을 가지고 있다.

표 10.1 VaR와 위험허용도 비교

비교항목	VaR	위험허용도
용어	일정기간, 주어진 신뢰구간내 최대 손실규모	회사나 조직이 수용할 수 있는 최대 위험한계치
의미	특정회사의 사업수행 능력의 지표, 회사마다 상의함	회사나 조직의 경영환경 및 성과에 따라 달라짐
기준 및 목표	최대 손실규모에 따른 헷지 전략 실행 기준	위험 대응계획 실행의 효율성을 측정하기 위한 목표
예비비 여부	비상시 지출하는 항목 아님	비상시 지출하는 항목 아님
포트폴리오	특정회사가 갖는 주식의 조합	특정회사가 수행하는 프로젝트의 조합
수익률	다양한 주식의 수익률	다양한 프로젝트의 수익률

10.2 VaR에 대한 이해

10.2.1 VaR의 정의

VaR(Value at Risk)는 정상적인 시장(normal market)여건 아래에서 주어진 신뢰수준(confidence level)으로 목표기간(target period) 동안에 발생할 수 있는 최대손실금액(maximun loss)으로 정의된다.[21]

VaR분석기법은 금융기관들이 상품거래에 수반되는 위험을 적극적이고 효율적으로 관리하기 위하여 도입하였다. 이는 금리, 주가, 환율 등 기초적 시장가격에 대한 미래분포를 예측하여 향후 불리한 시장가격변동이 특정신뢰구간 내에서 발생하는 경우에 나타날 수 있는 포트폴리오[22]가치의 최대손실규모(maximum loss)를 산출하는 기법이다. 금융기관들은 이렇게 계산된 최대손실규모를 분석하여 포트폴리오의 위험노출정도를 파악하고, 이를 바탕으로 위험에 대한 헷지(hedge)전략[23]을 구사하게 된다.[24]

그림 10.2는 95% 신뢰수준(5% 유의수준)에서 VaR를 계산한 예를 보인 것이다. 여기서 횡축은 포트폴리오 가치를, 종축은 발생빈도를 각각 나타낸다. 왼쪽의 검은색으로 나타난 부분이 최악의 5%에 해당하는 가치들이다. VaR는 포트폴리오 가치평균의 5%를 경계짓는 선에 해당되는 포트폴리오 가치의 차이로서 계산된다.

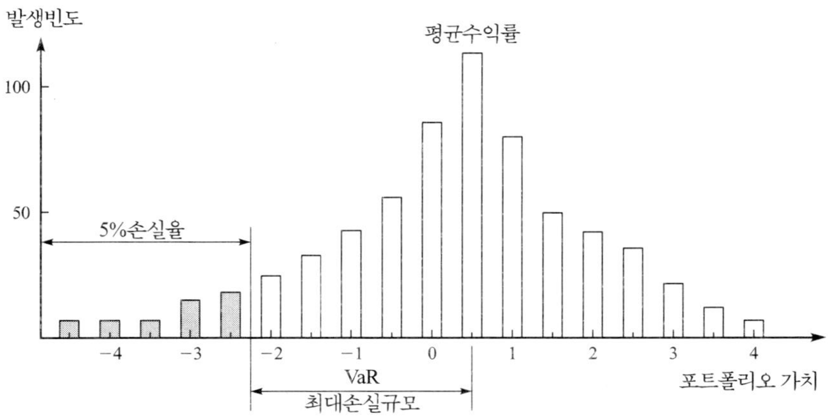

그림 10.2 VaR의 정의

21) 윤덕식, 김철중 공저, "금융기관 시장위험관리, 한국금융연수원", 2000, p15
22) 포트폴리오(Portfolio) : 자산의 조합(Combination of Asset), 위책 p51
23) 헷지(Hedge) : 원래 포지션과 반대 포지션을 취해 노출위험을 재거하고자 함. p78
24) 오세종, 김진호, 이건호 공저, "위험관리론", 경문사, p221

10.2.2 VaR의 측정

VaR를 계산하기 위해서는 먼저 보유기간(holding period 또는 horizon)과 신뢰수준(confidence level)을 선택해야 한다.

(1) 보유기간

보유기간은 VaR를 자주 계산하는데 따르는 비용과 잠재적 위험을 초기에 파악하는데서 오는 편익간의 상충관계를 고려한 포트폴리오의 성격에 의해 결정된다. 예를 들어 일반은행의 경우 보유기간은 비교적 짧고 연금기금의 경우 비교적 길다. 이는 은행들이 포트폴리오의 구성을 비교적 빨리 변경시키고, 연금기금은 포트폴리오의 구성을 천천히 변경시키기 때문이다.

(2) 신뢰구간

신뢰구간을 선택하는 데에는 일정한 원칙이 있는 것은 아니다. 바젤위원회[25)]는 99%의 신뢰수준을 선택하고 있다. 신뢰수준은 금융시스템의 안정성과 최소 요구자본이 수익률에 미치는 역효과간의 상충관계를 반영하여 결정한다. 즉 신뢰수준이 높으면 VaR가 크게 계산되므로 필요한 최소 요구자본도 증가한다. 따라서 신뢰수준은 기업의 위험회피(risk-averse)의 정도와 VaR보다 손실이 클 경우에 부담해야 하는 비용을 고려하여 결정된다. 위험회피도가 클수록 또는 비용이 많이 발생할수록 금융기관은 신뢰수준을 늘려서 최소 요구자본을 늘려야 한다. 그림 10.3은 VaR와 신뢰수준의 관계를 보여주고 있다.

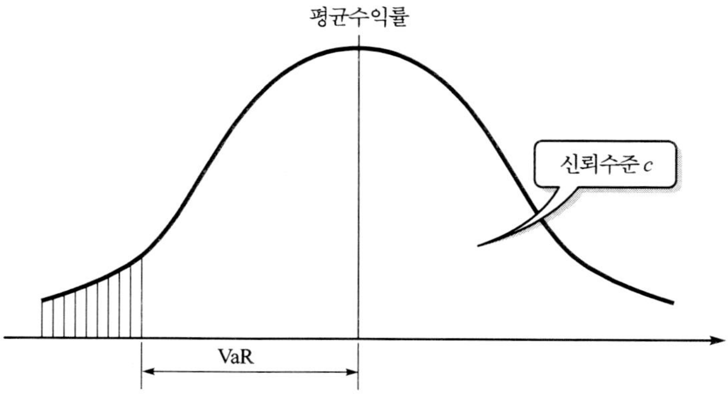

그림 10.3 VaR와 신뢰수준

25) 은행규제 감독위원회(Committee on Banking Regulations and Supervisory Practices)

(3) 평균기준 VaR와 절대손실 VaR

VaR 측정의 원리는 포트폴리오의 최초 투자액을 W_o로, 연속 복리 수익률을 r로 정의하면 복리기간 또는 보유기간말 시점에서 포트폴리오의 가치W는 $W_o \times (1+r)$이 된다. r의 기대치와 표준편차(변동성)를 각각 μ와 σ로 정의하고 신뢰수준 c에서 발생 할 수 있는 포트폴리오의 최소가치를 W^*로, 그리고 W_o에서 W^*로 하락 할 때의 수익률을 r^*로 정의하면 포트폴리오의 최소가치 W^*는 $W_o(1+r^*)$가 된다.[26)]

VaR는 손실금액을 측정하는 기준에 따라 포트폴리오의 기대가치를 기준으로 측정하는 평균기준 VaR 또는 VaR(mean)와 0을 기준으로 측정하는 절대손실 VaR 또는 VaR(zero)가 있다(그림 10.4 참조).

평균기준 VaR와 절대손실 VaR는 각각 다음과 같이 정의된다.

$$\text{평균기준 VaR} = E(W) - W^* = W_o(1+\mu) - W_o(1+r^*) = W_o\mu - W_o r = -W_o(r^* - \mu) \quad (10\text{-}1)$$

$$\text{절대손실 VaR} = -W_o - W^* = W_o - W_o(1+r^*) = -W_o r^* \quad (10.2)$$

$E(W)$ = 포트폴리오의 기대가치

W_o = 최초 투자액

W^* = 포트폴리오의 최소가치

r = 연속 복리 수익률

r^* = W_o에서 W^*로 하락할 때의 수익률

μ = r의 기대치

σ = r의 표준편차

26) 연속복리 수익률 : $r^* = \lim\left(\frac{P_t}{P_{t-1}}\right) = \lim(1+P_t) = P_t - P_{t-1}$

절대 가격 변화 : $\Delta P_t = P_t - P_{t-1}$

이윤복리 수익률 : $P_t = \frac{P_t - P_{t-1}}{P_{t-1}}$

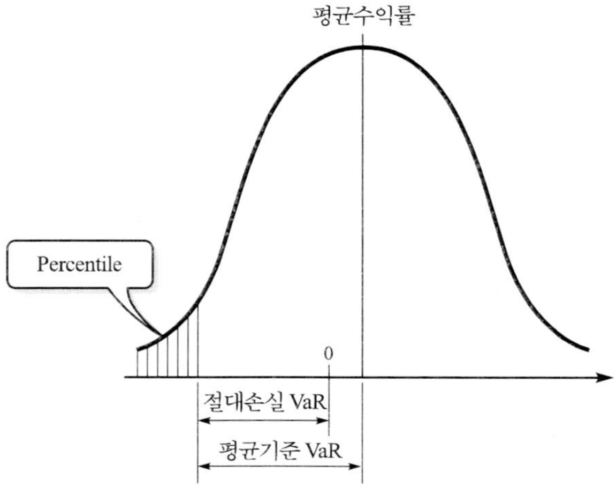

그림 10.4 평균기준VaR와 절대손실 VaR

10.3 VaR 개념을 응용한 건설공사 위험허용도 산정

본 절에서는 10.2절에서 정의한 VaR 개념을 건설공사의 위험허용도 산정에 적용하는 방법론을 구체적으로 기술한다.

10.3.1 건설공사 포트폴리오의 VaR 산정과정

이 책에서는 L건설의 건축공사를 대상으로 건설공사 VaR 산정과정을 제시하고자 한다. 이를 위해 10.2절에서 제시된 금융기관의 VaR를 건설공사의 VaR 산정에 적용하기 위해 기존의 금융기관 VaR 산정변수들을 건설공사에 적합한 변수들로 치환할 필요가 있다. 건설공사 VaR산정은 L건설의 건축현장들을 중심으로 건축공사 포트폴리오를 구성하고, 각 공사의 수익률에 대해 신뢰수준 95%, 보유기간 1년을 기준으로 계산한다.

공사 수익률 산정방법은 도급액 대비 투입원가를 비교하는 방법과 실행기성 대비 투입원가를 비교하는 방법으로 구분할 수 있다. 전자의 경우 순수한 의미의 수익률은 될 수 있으나, 도급액에는 본사관리비와 이윤 등을 포함하고 있어 공사단위의 수익률로 볼 수 없다. 따라서 후자를 공사 수익률로 선정한다. 공사별 수익률은 공사 실행기성액 대비 투입원가를 실행기성액으로 나눈 백분율로 식 (10.3)과 같이 나타낼 수 있다.

$$\text{공사별 수익률}(\%) = \frac{\text{실행기성액} - \text{투입원가}}{\text{실행기성액}} \times 100 \tag{10.3}$$

L건설의 건축공사 수익률을 분포는 그림 10.5와 같다.

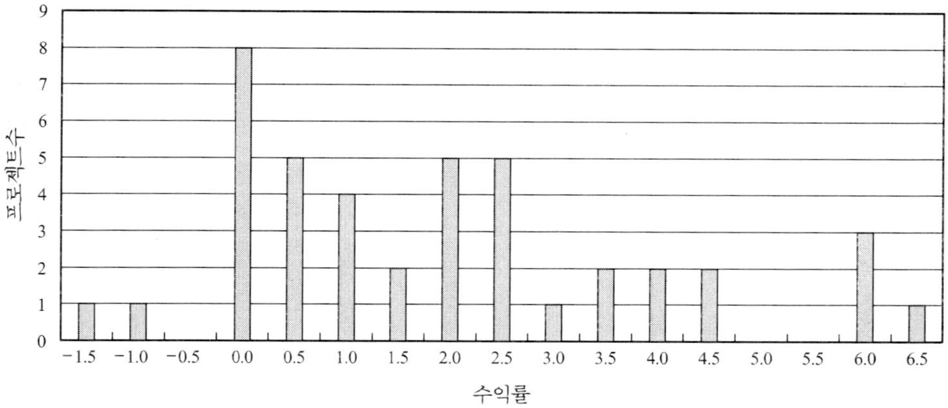

그림 10.5 L건설 건축공사 포트폴리오 수익률분포

그림 10.5로부터 L건설 건축공사 포트폴리오의 VaR 계산을 위한 필요 변수들은 표 10.2와 같으며 각 변수들은 포트폴리오 수익률에 대한 통계수치이다.

표 10.2 VaR 계산 변수(단위 : 백만원, %)

포트폴리오 현재가치(W_o)	평균수익률 (μ)	표준편차 (σ)	5-Percentile (r^*)	비 고
44339	2.02	2.06	-0.60	포트폴리오의 현재가치는 평균공사금액

표 10.2의 변수와 식 (10.1), (10.2)를 이용하여 L건설 건축공사 포트폴리오의 평균기준 VaR과 절대손실 VaR를 계산하면 다음과 같다.

$$\text{평균기준 VaR} = -44339\times(-0.6 - 2.02) = 1{,}162\text{백만 원} \tag{10.4}$$

$$\text{절대손실 VaR} = -44339\times(-0.6) = 266\text{백만 원} \tag{10.5}$$

식 (10.4), (10.5)로 부터 L건설 공사 포트폴리오의 최대손실금액은 평균기준 VaR의 경우 1,162백만 원, 절대손실 266백만 원임을 알 수 있다. 일반적으로 평균기준 VaR가 절대손실 VaR보다 크며, 금융시장에서는 평균기준 VaR를 통상적으로 사용한다.[27] 그러나 건설회사의 경우 금융기관과 같이 평균기준 VaR만을 통상적으로 적용하는데 무리가

27) 윤평식, 김철중, "금융기관 시장위험관리, 한국금융연수원", 2000, p126

있다. 왜냐하면 금융시장의 경우 특징이 유사한 금융상품을 대상으로 하지만 건설공사는 특징이 다양한 공사와 공종들을 대상으로 하기 때문이다. 예를 들어 평균기준 VaR를 위험허용도로 모든 공사와 공종에 동일하게 적용할 경우 위험허용도의 값이 커지므로 위험도를 비교해야 할 기준이 높아지게 된다. 즉 위험 대응전략수립이 고위험요소에 국한되는 것을 의미한다. 반대로 절대손실 VaR를 기준하여 위험허용도를 적용한다면 위험허용도의 값은 작아지게 되고, 위험도와 비교 기준 역시 낮아져 위험 대응전략의 빈도가 많아진다는 것을 의미한다. 즉 평균기준 VaR와 절대손실 VaR의 적용에 따라 위험 대응빈도, 위험관리 수준이 달라지는 것이다. 그러므로 건설공사에서는 사업환경 및 공사 제반조건, 공종별 특징에 따라 평균기준 VaR와 절대손실 VaR를 적용하는 기준이 설정될 필요가 있다.

10.3.2 건설공사 포트폴리오 VaR의 공사별 배분

식 (10.4), (10.5)의 결과는 포트폴리오의 평균공사금액기준 최대손실금액이다. 그러나 공사 포트폴리오 내의 공사들은 규모가 서로 다르다. 따라서 금액기준으로 최대손실금액을 공사별 위험허용도의 기준으로 삼는 것은 불가능하다. 왜냐하면 금액기준으로 VaR를 배분할 경우 프로젝트 규모와 관계없이 동일한 양의 위험허용도가 설정되므로 프로젝트별 위험허용비율이 달라지기 때문이다. 즉 공사 규모가 클 경우 위험허용비율은 작아지고 반대로 공사규모가 작을 경우 위험허용비율이 커지는 모순이 발생하는 것이다. 그러므로 건설공사의 포트폴리오의 최대손실금액을 공사별 위험허용도로 하지 않고 공사별 최대손실비율, 즉 공사별 포트폴리오 VaR 비율이 위험허용도를 산정하는 기준이 되어야 할 것이다. 이러한 기준을 통해 공사규모에 따른 위험허용도 양은 일정한 비율을 유지할 수 있을 것이다. 그림 10.6은 포트폴리오 VaR를 공사별로 배분하는 방법을 도식화한 것이다.

공사 포트폴리오 VaR 비율은 최대손실금액, 즉 VaR를 평균공사금액으로 나눈 값이다. 공사별 포프폴리오 VaR비율을 P-VaR(VaR Percentile for Project)로 정의하고 이를 계산식으로 표현하면 다음과 같다.

$$\text{평균기준 P} - \text{VaR}(\%) = \frac{\text{평균기준VaR}}{\text{W}_{\text{o}}} \times 100\% \tag{10.6}$$

$$\text{절대손실 P} - \text{VaR}(\%) = \frac{\text{절대손실VaR}}{\text{W}_{\text{o}}} \times 100\% \tag{10.7}$$

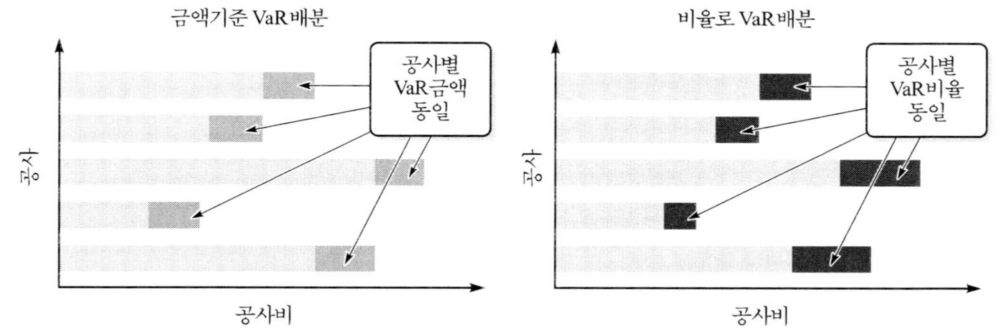

그림 10.6 포트폴리오 VaR의 공사별 배분방법

식 (10.6), (10.7)을 기준으로 L건설공사 포트폴리오의 P-VaR를 계산하면 평균기준 P-VaR 와 절대손실 P-VaR는 다음과 같다.

$$\text{평균기준 P} - \text{VaR}(\%) = \frac{1161}{44,339} \times 100\% = 2.62\% \tag{10.8}$$

$$\text{절대손실 P} - \text{VaR}(\%) = \frac{266}{44,339} \times 100\% = 0.6\% \tag{10.9}$$

위의 계산으로부터 식 (10.6) 평균기준 P-VaR의 경우, 공사 포트폴리오의 평균수익률에서 5-percentile을 뺀 비율임을 알 수 있고 식 (10.7) 절대손실 P-VaR의 경우 0에서 5-percentile을 뺀 금액임을 알 수 있다. 따라서 식 (10.6), (10.7)은 다음과 같이 정리하여 표현할 수 있다(그림 10.7 참조).

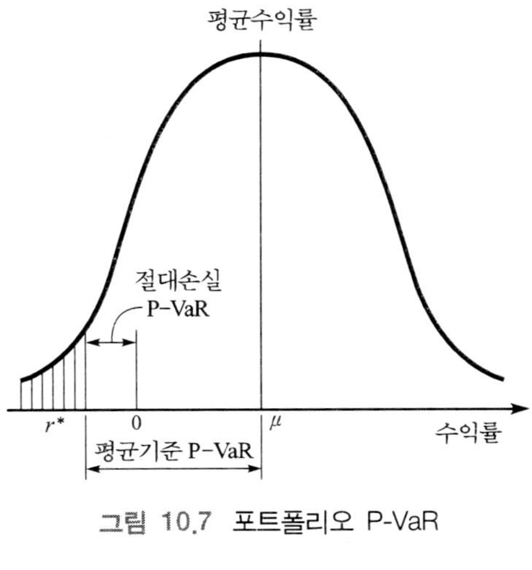

그림 10.7 포트폴리오 P-VaR

$$평균기준\ \mathrm{P-VaR} = (\mu - \mathrm{r}^*) \tag{10.8}$$

$$절대손실\ \mathrm{P-VaR} = (0 - \mathrm{r}^*) \tag{10.9}$$

평균기준 P-VaR는 전체 포트폴리오의 평균수익률에서 95% 신뢰구간과의 차이를 나타내는 반면 절대손실 P-VaR는 수익률 0에서 적자가 나는 부분과의 차이이다. 이는 평균기준 P-VaR를 기준할 경우 회사가 평균기준 P-VaR에 해당하는 자본을 확보해야 한다는 의미이고, 절대손실 P-VaR를 기준할 경우 적자가 되는 비율에 한해 자본을 확보한다는 의미가 된다. 이는 공사관리상 평균기준 P-VaR의 경우가 절대손실 P-VaR의 경우보다 위험에 대응하는 여유가 충분함을 뜻한다. 따라서 회사의 경영상황에 따라 평균기준 P-VaR 또는 절대손실 P-VaR를 선택할 수 있지만 사업위험허용비율은 식 (10.10)과 같이 이들 두 값 사이에 존재해야만 할 것이다.

$$절대손실\ \mathrm{P-VaR} \leq 사업위험허용비율 \leq 평균기준\ \mathrm{P-VaR} \tag{10.10}$$

따라서 L건설의 사업위험허용비율은 식 (10.11)과 같이 절대손실 P-VaR 0.6%와 평균기준 P-VaR 2.62% 사이에 존재하게 될 것이다.

$$0.6\% \leq \mathrm{L}건설\ \mathrm{P-VaR} \leq 2.62\% \tag{10.11}$$

10.4 베타(β)위험을 응용한 공종별 위험허용도 산정방법

10.4.1 건설공사 포트폴리오의 공종별 베타(β)위험

β위험은 시장 포트폴리오 수익률과 특정주식의 수익률간의 단순회귀분석의 기울기 β와 같은 개념으로 시장 포트폴리오의 수익률이 변함에 따라 개별 증권의 수익률이 변하는 정도를 표시한다.[28] 따라서 β위험기울기를 적용하면 개별 증권의 수익률이 전체 포트폴리오에 미치는 영향의 정도를 분석할 수 있다. 이러한 재무적 β위험기울기를 건설공사에 적용할 때 공종별 수익률과 건설공사 포트폴리오 수익률 간의 특정 관계를 찾아내는 것이 중요하다. 만약 건설공사 포트폴리오와 공종별 수익률간의 특정 관계인 β위험기울기가 존재한다면, 건설공사 전체 위험허용도를 공종별 위험허용도로 배분하는데 β위험기울기를 적용할 수 있을 것이다. 주식시장에서 β위험기울기를 산정하는 공식을 건설공사에 적용하면 식 (10.12)와 같이 변형할 수 있다.

28) 윤평식, 김철중, "금융기관 시장위험관리", 한국금융연수원, 2000, p64

$$R_i = \alpha_i + \beta_i R_p \tag{10.12}$$

식 (10.12)에서 R_i는 공종 i의 수익률, α_i는 회귀상수 R_p는 건설공사 수익률, β_i는 기울기로서 체계적 위험을 나타내는 지수이며, β_i의 크기로 공종 i의 체계적 위험의 크기를 알 수 있다.

$$\beta_i = \frac{\mathrm{Cov}(R_i, R_p)}{\sigma_p^2} \tag{10.13}$$

식 (10.13)에서 $\mathrm{Cov}(R_i, R_p)$는 공종 i와 건설공사 포트폴리오 수익률간의 공분산 σ_{p}^2는 건설공사 포트폴리오 수익률 분산을 나타내고 있다. 식 (10.13)에서 $\beta_i = 1$을 기준하여 $\beta_i > 1$이면 공종별 수익률의 변동이 전체 건설공사 수익률보다 크다는 것을 의미하며, $\beta_i < 1$인 경우는 공종별 수익률의 변동이 전체 건설공사 수익률의 변동보다 작다는 것을 의미한다. 그러나 공분산의 두 변수 R_i와 R_p간의 상관관계는 공분산의 상관계수 ρ에 의해 판정될 수 있다. 만약 두 변수간 상관계수가 높으면 두 변수간 상관관계는 강한 것으로서 β_i는 매우 중요한 의미를 갖게 된다. 반면에 두 변수간 상관계수가 낮으면 두 변수간 상관관계는 약한 것으로서 β_i는 의미를 갖지 않게 된다. 공분산의 상관계수 ρ는 식 (10.14)와 같이 R_i와 R_p의 공분산을 공종별 i와 건설공사 포트폴리오 수익률의 표준편차의 곱으로 나눈 식으로 계산한다.

$$\rho_i = \frac{\mathrm{Cov}(R_i R_p)}{\sigma_i \sigma_p} \tag{10.14}$$

식 (10.14)에서 $\mathrm{Cov}(R_i, R_p)$는 공종 i와 건설공사 포트폴리오 수익률간의 공분산, σ_i는 공종 i의 수익률 표준편차, σ_p는 건설공사 포트폴리오의 표준편차를 나타내고 있다. 식 (10.14)에서 ρ가 +1이면 두 변수는 정의 관계가 되고, −1이면 부의 관계가 되며, 0이면 두 변수 사이에 아무런 관계가 없음을 의미한다. 일반적으로 사회과학에서는 상관계수가 0.4 이상이면 상관관계가 있다고 하며, 0.7 이상이면 상관관계가 높다고 한다. 그러나 상관계수가 0이라고 하여 두 변수간에 관계가 전혀 없다고 할 수는 없다. 왜냐하면 상관계수는 선형관계만을 측정하므로 두 변수간에 2차 함수이상의 관계가 있을 경우, 상관계수의 값이 0에 가깝게 나타날 수도 있기 때문이다. 또한 두 변수간에 상관관계가 있다는 것이 두 변수간의 인과관계를 설명하는 것은 아니다.

인과관계는 통계학 외적인 요인에 의해 결정되는 것이다.[29)]

10.4.2 건설공사 포트폴리오 공종별 β위험 산정 및 검증

β위험을 L건설 건설공사의 공종별 위험허용도 산정에 적용한 예는 다음과 같다. L건설의 건설공사 포트폴리오의 공사별 수익률을 참고로 건축공사 16개 공종별 β위험과 상관관계 ρ를 계산하면 표 10.3과 같다.

표 10.3을 보면, 전체 16개 공종 중 12개 공종이 건설공사 포트폴리오와 공종별 수익률간에 상관관계 ρ가 0.4 이상으로서 사업 수익률과 공종별 수익률간 밀접한 관계가 있음을 알 수 있다. 그러나 타일, 석, 유리, 금속공사 공종은 ρ가 0.4 이하로서 사업수익률과 공종별 수익률간의 상관관계가 매우 약한 것으로 분석되었다.

이러한 결과를 보면 전체적으로 건설공사 포트폴리오의 주요 공종의 수익률은 사업수익률과 밀접한 관계를 갖고 있어 이러한 공종의 회귀식 기울기인 β위험이 의미가 있음을 알 수 있다. 따라서 건설공사 모든 공종에 β위험 기울기를 적용하는 것보다 상관관계가 존재하는 공종에 한해 이를 적용하는 것이 타당할 것이다.

표 10.3 L건설 공종별 β위험과 상관관계 ρ

공종	공분산 Cov(R_i, R_p)	전체분산 σ_p^2	전체 표준편차 σ_p	공종별 표준편차 σ_i	공종별 β 위험	상관계수 ρ
공통가설	11.26	4.24	2.06	8.15	2.33	0.67
현장관리	3.96	4.24	2.06	3.20	0.79	0.60
가설공사	6.55	4.24	2.06	4.07	1.35	0.78
기초공사	5.35	4.24	2.06	4.47	1.01	0.58
철콘공사	2.63	4.24	2.06	2.36	0.54	0.54
조적공사	3.49	4.24	2.06	2.45	0.75	0.69
미장공사	5.83	4.24	2.06	3.87	1.22	0.73
방수공사	9.52	4.24	2.06	7.70	2.04	0.60
타일공사	0.95	4.24	2.06	9.22	0.26	0.05
석공사	3.37	4.24	2.06	14.87	0.57	0.11
수장공사	8.64	4.24	2.06	6.55	1.77	0.64
목공사	11.95	4.24	2.06	13.81	0.96	0.42
창호공사	3.96	4.24	2.06	3.05	0.80	0.63
유리공사	13.75	4.24	2.06	19.07	2.83	0.35
도장공사	4.33	4.24	2.06	3.18	0.93	0.66
금속공사	4.03	4.24	2.06	7.82	0.82	0.25

29) 최태성, 김성호, "통계학-이론과 Excel 2000", 다산출판사, 2000, p451

따라서 특정 공정의 β위험기울기의 상관관계 ρ가 0.4 이상일 경우, 사업 수익률과 공종 수익률간에 밀접한 상관관계의 존재를 인정하고 β위험기울기를 적용하지만, 만약 상관관계 ρ가 0.4 이하일 경우, 사업수익률과 공종 수익률간에 상관관계가 약하거나, 존재하지 않는 것으로 판단하여 β위험기울기를 적용하지 않고, β = 1, 즉 사업 위험허용도를 공종별 위험허용도로 그대로 적용한다. 이는 상관관계가 약한 공종들이 대부분 공사금액이 작고 전체공사에서 차지하는 비율이 미미하므로 공종별 수익률이 사업 수익률에 미치는 영향이 매우 작을 것으로 판단하기 때문이다.

10.4.3 β 위험을 이용한 공종별 위험허용도 금액 산정

β위험기울기 적용기준이 설정되면 최종적으로 공종별 위험허용도를 금액으로 전환하여야 한다. 이는 위험도와 비교하는 위험허용도가 비율이 아닌 금액이기 때문이다. 공종별 위험허용도를 금액으로 산정하는 식은 공종별 공사금액에 사업위험허용비율 P-VaR를 공종별 β위험으로 조정한 비율을 곱한 금액으로 공종별 위험허용도를 금액으로 환산하는 식은 다음과 같다.

$$RT_i = C_i \times \beta_i \times \mathrm{P-VaR} \tag{10.15}$$

RT_i : i 공종의 위험허용도

C_i : i 공종의 공사금액

β_i : i 공종의 β위험 기울기

$\mathrm{P-VaR}$: 건축공사 포트폴리오 사업위험허용도 비율

식 (10.15)에서 특정 공종의 위험허용도는 공종의 공사금액에 해당 β위험 기울기와 포트폴리오의 사업위험허용도 비율 P-VaR를 곱한 금액이 된다. 즉 사업위험허용도 비율을 공종의 특성을 반영한 베타위험으로 조정한 금액이 공종별 위험허용도가 되는 것이다. 이러한 방법론은 사업의 위험허용도를 공종별로 일률적으로 배분하는 비합리적 방식에 대한 해결방안으로 공종특성을 반영한 최적의 공종별 위험허용도 배분방안임을 알 수 있다.

표 10.4 L건설 건축공사 공종별 위험허용도 계산결과(단위 : 백만 원, %)

공 종	공종별 공사금액	VaR_P		공종별 β위험	공종별 위험허용도		비 고
		평균기준	절대손실		평균기준	절대손실	
공통가설공사	992	2.62	0.6	2.33	60	13	
현장관리비	4556	2.62	0.6	0.79	94	21	
가설공사	292	2.62	0.6	1.35	10	2	
기초공사 및 토공사	343	2.62	0.6	1.01	9	2	
철근콘크리트	10543	2.62	0.6	0.54	149	34	
조적공사	304	2.62	0.6	0.75	6	1	
미장공사	825	2.62	0.6	1.22	25	6	
방수공사	965	2.62	0.6	2.04	51	11	
타일공사	236	2.62	0.6	1.00	6	1	ρ<0.4
석공사	2796	2.62	0.6	1.00	73	16	ρ<0.4
수장공사	4489	2.62	0.6	1.77	208	47	
목공사	85	2.62	0.6	0.96	2	0	
창호공사	2986	2.62	0.6	0.80	62	14	
유리공사	365	2.62	0.6	1.00	9	2	ρ<0.4
도장공사	536	2.62	0.6	0.93	13	3	
금속공사	2399	2.62	0.6	1.00	62	14	ρ<0.4
계	32712	2.56	0.57		840	187	

표 10.4의 L건설 건축공사의 공종별 위험허용도를 계산한 결과를 분석하면, 전체 16개 공종중 타일공사, 석공사, 유리공사, 금속공사의 경우 상관계수가 0.4 이하로 베타위험을 적용할 수 없다. 따라서 이러한 공종들에 β=1을 적용하고, 그 외 공종들에 평균기준 P-VaR를 기준하여 공종별 위험허용도를 산정하면 합이 8억4천만 원이고, 절대손실 P-VaR를 기준하여 공종별 위험허용도를 산정하면 합이 1억8천7백만 원로 집계된다. 이를 공종별 공사금액의 합인 327억1천2백만 원을 기준으로 백분율로 환산하면, 평균기준과 절대손실 P-VaR는 각각 2.56%, 0.57%가 되어 당초 사업위험허용비율인 2.62%, 0.6%보다 낮게 보수적으로 조정되었음을 알 수 있다. 이는 베타위험을 상관관계에 따라 선별적으로 적용할 경우 최초로 계산된 사업위험허용비율을 초과하지 않으면서, 사업위험허용비율이 공종별 특성에 맞추어 배분될 수 있음을 알 수 있다.

그러나 최종적으로 공종별 위험허용도 계산을 위해 사업위험허용비율 P-VaR를 선택함에 있어 평균기준으로 할 것인지, 절대손실로 할 것인지에 대한 명확한 기준이 제시될 필요가 있다. 왜냐하면 10.3.1절에서 논한 바대로 건설회사의 특성상 금융기관과는 달리 평균기준 P-VaR만을 일반적으로 적용할 수 없기 때문이다. 물론 최종적으로 평균기준 P-VaR와 절대손실 P-VaR선택은 회사의 경영원칙, 위험에 대한 경향, 현장조직의 운영방침 등에 의해 결정될 것이다. 예를 들어 만약 위험을 회피하는 경향이 강한 회사이거나 보수적인 현장운영을 지향하는 회사라면 절대손실 P-VaR를 선호할 가능성이 높다. 이러한 경우 위험허용도가 낮아지므로 사소한 위험요인에도 적극적으로 대응하는 장점이 있지만, 현장의 업무강도와 긴장감은 항상 최고조에 달해 있어 현장직원들의 피로를 가중시킬 뿐만 아니라 업무 효율성도 저하될 가능성이 높다. 반면에 위험지향적인 회사이거나 공격적인 현장운영을 지향하는 회사라면 평균기준 P-VaR를 적용할 가능성이 높다. 이러한 경우는 위험허용도가 높아지고, 사소한 위험에는 대응을 유보하므로 현장의 긴장감이 덜한 대신 주요 위험요소에 관리 역량을 집중시킴으로서 위험관리의 효율을 높힐 수 있는 장점이 있다. 그러나 자칫 위험허용도에 미달하는 위험요소에 대한 치밀한 관리계획이 수반되지 않을 경우 큰 곤란에 빠질 우려도 상존하게 될 것이다.

따라서 이 책에서는 공종별 위험허용도를 절대손실과 평균기준 사이에서 결정하되, 전체공사에 미치는 영향에 따라 절대손실과 평균기준 P-VaR를 선택 적용하는 기준을 다음과 같이 제시하고자 한다. 전체공종에 미치는 영향이 큰 공종의 경우는 절대손실 기준의 위험허용도를 적용하고, 영향이 미미한 경우 평균기준의 위험허용도를 적용하는 것이다. 이러한 기준은 전체공사에 대한 특정공종의 영향정도를 CPM 공정표상에서 해당 공종이 핵심(Critical) 공종인지 또는 비핵심(Non Critical) 공종인지 여부에 따라 결정하는 것을 의미한다. 건설공사관리에서 핵심공종 위주로, 즉 크리티칼 패스(Critical Path)상의 공종에 역량을 집중하는 것이 일반적 방법론이다.[30] 따라서 핵심공종의 경우 위험허용도를 낮게 설정하여 매우 치밀하게 관리함으로서 전체공사에 차질이 오지 않도록 역량을 집중하고, 비핵심 공종의 경우 위험허용도를 높게 설정하여 제한된 역량을 분산하거나 비축함으로써 전체공사가 합리적으로 관리되도록 하는 것은 매우 중요하다. L건설 건축공사에 이러한 기준을 적용하여 공종별 위험허용도를 산정할 경우 공종표상에서 핵심공종들인 공통가설공사, 철근콘크리트공사, 창호공사, 수장공사, 금속공사, 현장관리비와 같은 공종들의 위험허용도는 절대손실 P-VaR를 기준하고, 그 이외 비핵심 공종들은

30) Ponce de Leon, "Construction Engineering and Management Graduate Course CE536", University of Michigan, Ann Arbor, 1986, Lecture #15 – #16.

평균기준 P-VaR를 기준하면 될 것이다. 그 결과 표 10.5에서 핵심공종들의 위험허용도는 절대손실 P-VaR인 공사금액 대비 0.6% 수준으로 매우 낮아지는 반면, 비핵심공종들은 평균기준 P-VaR인 2.62%수준으로 높아지게 됨을 알 수 있다. 예를 들어 핵심공종 중 하나인 철근콘크리트공사의 경우 공사금액이 105억 원이지만 위험허용도는 이의 0.6%인 3천4백만 원이 된다. 즉 철근콘크리트 공사에서 인지된 위험요인의 위험도가 3천4백만 원 이상일 경우에 한해 위험에 대응하는 기준이 되는 것이다. 일반적으로 철근콘크리트 공사는 건물의 골격을 완성하는 CPM공정표상의 핵심공종으로, 인지되는 위험요인의 손실액과 영향범위는 매우 크고 폭넓다. 따라서 위험허용도 3천4백만 원은 공종 내에서 사소하게 인지된 위험요인도 간과하지 않도록 하는 낮은 수준의 위험허용도를 제공하게 된다. 반면에 비핵심 공종의 하나인 조적공사의 경우 공사금액은 3억4백만 원에 불과하나 위험허용도는 그의 2.62%인 6백만 원이다. 이는 조적공사의 특성상 조적공종에 내포된 위험요인의 손실과 영향범위가 상대적으로 작은 것을 반영하는 것이다. 즉 위험허용도 6백만 원은 조적공사에 포함된 큰 위험요인에만 국한하여 위험에 대응하도록 하는 기준을 제공하는 것이다.

표 10.5는 L건설 건축공사에서 공종별로 공정표를 기준한 위험허용도 계산결과를 보여주고 있다. 표 10.5에서와 같이 핵심 공종에 절대손실 P-VaR를 적용할 경우, 공종별 위험허용도 합계는 291백만 원이 되며, 공사금액 대비 0.88%임을 알 수 있다. 이는 포트폴리오 절대손실 P-VaR 0.6%보다는 약간 상회하고 있으나, 평균기준 P-VaR 2.62%보다 매우 낮은 보수적인 위험관리 목표치를 나타내고 있다. 일반적으로 핵심공종의 공사금액이 비핵심공종 보다 훨씬 크므로 핵심공종에 절대손실 P-VaR를 적용하게 되면 사업위험허용비율은 매우 낮아지게 되어 전체적으로 위험관리를 위한 한계치가 낮은 수준으로 조정됨을 알 수 있다. 이와 같이 공사별 사업위험허용비율을 공종의 특성을 반영하여 배분할 경우 식 (10.11)과 같이 절대손실 P-VaR와 평균기준 P-VaR사이에 존재하게 된다. 이러한 기준을 건설공사에 적용하게 되면 기존의 위험관리 방법론에서 생략하거나 간과하였던 사업위험허용기준을 논리적이며 합리적으로 설정할 수 있게 될 뿐만 아니라 위험관리가 임의화 또는 주관적 의사결정의 보조기능으로 전락하는 것을 사전 방지가 가능하게 될 것이다.

표 10.5 L건설 건축공사 공종별 위험허용도 최종결과(단위 : 백만원, %)

공 종	공종별 공사금액	적용 VaR_P	공종별 β위험	공종별 위험허용도	비 고
공통가설공사	992	0.6	2.33	11	Critical
현장관리비	4556	0.6	0.79	21	현장규모
가설공사	292	2.62	1.35	10	
기초공사 및 토공사	343	2.62	1.01	9	
철근콘크리트	10543	0.6	0.54	34	Critical
조적공사	304	2.62	0.75	6	
미장공사	825	2.62	1.22	26	
방수공사	965	2.62	2.04	51	
타일공사	236	2.62	1.00	6	
석공사	2796	0.6	1.00	16	Critical
수장공사	4489	0.6	1.77	47	Critical
목공사	85	2.62	0.96	2	
창호공사	2986	0.6	0.80	14	Critical
유리공사	365	2.62	1.00	9	
도장공사	536	2.62	0.93	13	
금속공사	2399	0.6	1.00	14	Critical
계	32712	0.88		291	

10.5 VaR 개념을 응용한 위험허용도 기준 위험대응 프로세스 사례

10.5.1 사례 대상공사 개요

VaR 개념을 응용한 위험허용도를 기준으로 하는 위험대응 프로세스 사례 대상공사는 L건설이 시공하고 있는 경기도 안양에 위치한 L연구소 신관동 신축공사로서, 규모는 지하1층 지상7층의 연면적 13,408평이며, 공사계약금액은 304억 원이다. 표 10.6은 사례연구 대상공사의 사업개요이며, 그림 10.8은 L연구소 전체 건물배치도로서 빗금친 건축물이 신관동 신축공사 현장이며, 그림 10.9, 10.10, 10.11은 각각 신관동 평면도, 입면도, 단면도를 나타내고 있다.

표 10.6 사례연구 건축공사 개요

건축개요	현 장 명	L연구소 신관동 신축공사
	발 주 처	L전자(주)
	공사위치	경기도 안양시 호계동
	용 도	교육연구시설
	구 조	철골철근콘크리트조
	공사기간	14개월
건축규모	대지면적	50,786.70M^2(15,362.98평)
	건축면적	6,146.21M^2(1,859.23평)
	연 면 적	44,326.04M^2(13,408.63평)
	층 수	지하 1층, 지상 7층

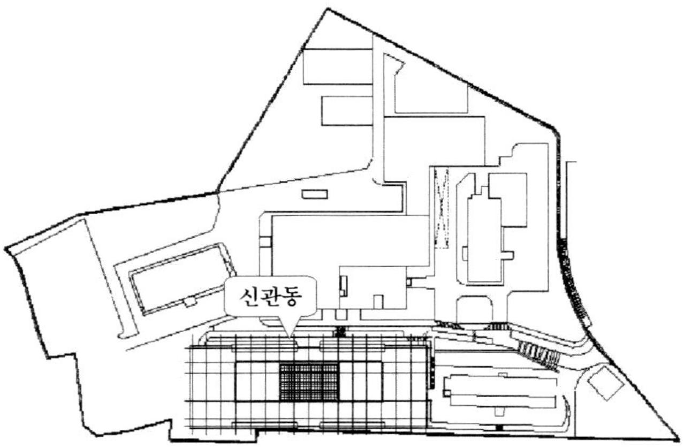

그림 10.9 L연구소 건물배치도

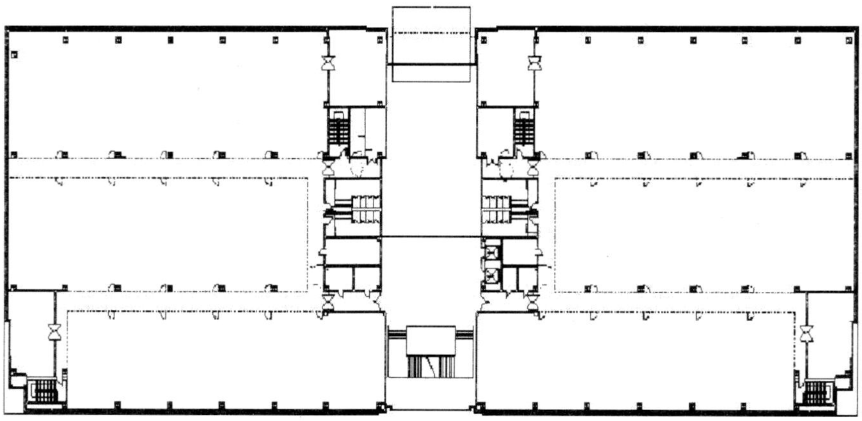

그림 10.9 L연구소 신관동 평면도

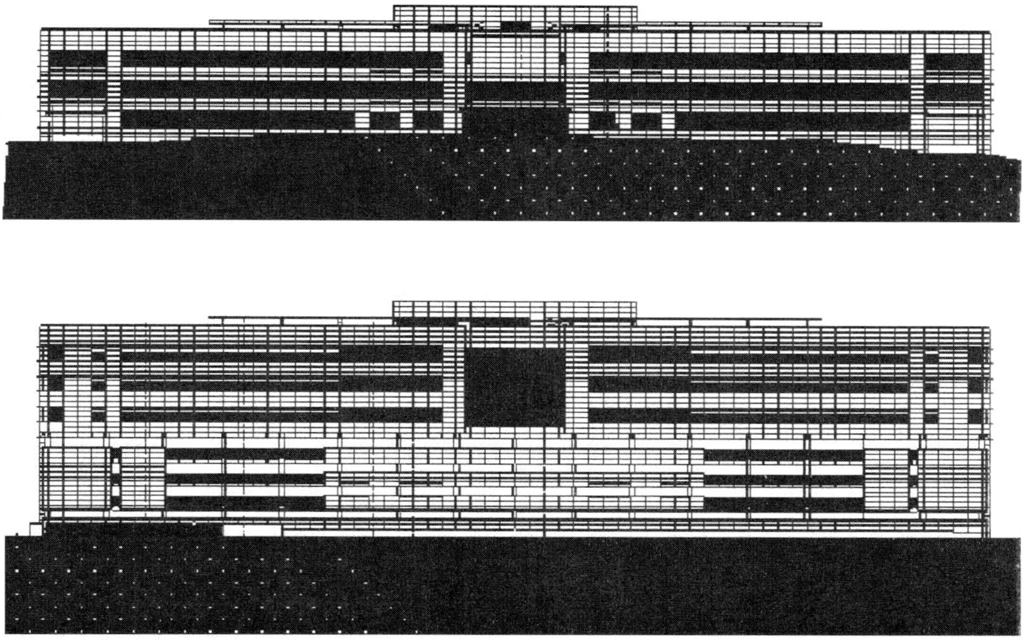

그림 10.10 L연구소 신관동 입면도

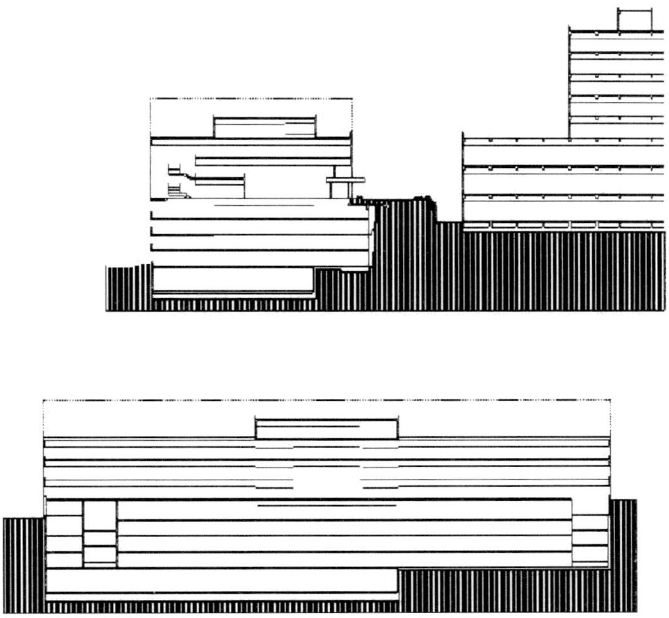

그림 10.11 L연구소 신관동 단면도

사례 건축공사는 공사규모에 비해 공사계약기간이 14개월에 불과하여 돌관공사가 불가피한 상황으로 설계와 시공이 중복 시행되는 전형적인 설계시공 병행방식(Fast Track)의 공사이다.

따라서 본 공사는 설계도면 작성을 위한 충분한 사전조사가 선행되지 않았을 뿐만 아니라 공종별 시공 착수전 설계도면에 대한 충분한 검토기간이 절대적으로 부족하여 설계오류 및 미비 등 설계상의 문제점들로 인해, 부적절한 공법에 의한 공사비 증가 및 공사지연, 품질 및 안전상의 결함 등 많은 위험에 노출되어 있는 특징을 가지고 있다.

따라서 본 공사의 성공적인 수행을 위하여 설계 및 시공과정에 내재된 다양한 위험요인들을 사전에 인지 분석하여 대응함으로써 공사의 위험요인을 약화시키는 동시에 위기상황으로 돌변하지 않도록 철저한 위험관리가 매우 중요한 현장이다.

10.5.2 사례 대상공사 공종별 위험허용도

사례공사의 계약내역서를 기준으로 공종별 위험허용도를 산정하기 위해 VaR개념을 적용한 위험허용도 산정 시스템을 활용한다. 위험허용도 산정 시스템을 이용한 공종별 위험허용도를 산정한 결과는 그림 10.12와 같다.

WBS	공사금액	CP	β	ρ	위험허용도
공통가설	1,046,129,370	✓	2.33	0.67	14,762,535
현장관리	3,507,468,870	✓	0.79	0.60	16,664,362
가설공사	125,329,320		1.35	0.78	4,437,800
기초공사	2,321,110,735	✓	1.01	0.58	14,246,958
철콘공사	2,393,018,912	✓	0.54	0.54	7,858,427
철골공사	4,669,603,170	✓	-0.22	-0.06	28,243,805
조적공사	261,292,136		0.75	0.69	5,116,151
미장공사	580,705,000		1.22	0.73	18,531,598
방수공사	562,462,700		2.04	0.60	30,128,966
타일공사	37,553,800		0.26	0.05	985,442
석공사	57,377,800		0.57	0.11	1,505,640
수장공사	890,913,550	✓	1.77	0.64	9,530,615
목공사	850,610,110	✓	0.96	0.42	5,144,863
창호공사	689,880,240	✓	0.80	0.63	3,335,619
유리공사	228,966,740		2.83	0.35	6,008,274
도장공사	118,091,450		0.93	0.66	2,894,542
금속공사	2,723,736,700	✓	0.82	0.25	16,474,353
합계	21,064,250,603		(.88%)	합계	185,869,951

그림 10.12 사례공사 공종별 위험허용도 산정결과

그림 10.12에서 사례 대상공사 공종의 계약금액은 21,064,250,603원이고, 공종별 위험허용도는 185,869,951원이므로 사례공사의 사업위험허용비율은 0.88%이다. 따라서 사업위험허용비율은 식 (10.11)과 같이 0.6% 와 2.62%에 존재하고 있음을 알 수 있다.

10.5.3 사례 1 : H-Pile 토류벽 + 어스앵커 흙막이 결함 위험

사례 대상공사는 부지조건상 급경사면에 위치하고 연구소내 기존 건축물과 근접하여 터파기 공사를 실시해야 하므로 기존 건축물에 영향을 최소화하는 굴착공법이 필요하다. 사례공사의 흙막이 공법은 H-Pile 토류벽과 어스앵커(Earth Anchor)를 혼용하는 방법으로 시공사례가 풍부한 일반적인 흙막이 공법으로 설계되어 있다. 그러나 굴착깊이가 16M 이상으로 H-Pile 연장시공이 필요하며, 흙막이 벽의 차수성 및 지지력 약화가 예상되고, 어스앵커의 인장력을 영구유지하기 위한 부담 및 검증자료가 미비하여 영구옹벽으로 부적합한 것으로 분석되었다. 또한 부지특성상 흙막이의 누수, 어스앵커의 인장력 손실 등 흙막이에 결함이 발생할 경우 대형사고가 발생할 위험이 인지 되었다. 이러한 위험이 발생할 확률은 약 50%로 예측되고, 위험으로 인한 손실은 약 400,000천 원으로 추정되어, 위험도는 200,000천 원인 것으로 분석되었다. 흙막이가 속한 공종은 기초 및 토공사로 공종 위험허용도는 14,246천 원으로 흙막이 결함위험의 위험도는 공종 위험허용도를 훨씬 초과하고 있어 본 위험에 대한 대응 전략이 필요하게 되었다.

본 위험에 대한 1차 대응전략으로 SCW연속벽 + 어스앵커 공법을 고려하였다. 이 공법은 3축굴삭기로 굴착 후 시멘트 밀크 주입으로 지하연속벽을 형성하고, 띠장 설치후 영구 어스앵커를 지지하는 공법이다. 그러나 이 공법은 굴착토내의 전석층으로 현장이 협소하여 3축 오거(Augur)장비 사용이 불가하고, 어스앵커의 인장력을 영구 유지하기 위한 부담 및 검증자료가 부족하여 전략효율이 30% 정도로 평가하였다. 따라서 이 책에서 제시한 바대로 전략효율이 50% 이하인 경우, 대응전략으로 채택하지 않는다는 원칙에 따라 이 공법을 대응전략에서 제외하였다.

2차 대응전략으로 숏크리트(Shotcrete) 옹벽 + 소일 네일링(Soil Nailing) 공법을 고려하였다. 이 공법은 비탈면이나 터파기 굴착면을 자립할 수 있는 안정 높이로 굴착함과 동시에 숏크리트로 표면 보호공을 시공하고 굴착배면 지반에 철근을 사용한 소일 네일링으로 지지력을 확보하는 공법이다. 이 공법은 인접부지 점용면적을 최소화하고 작업공간을 최대한 활용하며, 민원 및 안전문제를 최소화하고 동시에 영구옹벽으로 기능할 수 있는 장점을 가지고 있다. 이 2차 대응전략의 효율은 약 90%로 매우 우수한 것으로 추정되었으며, 본 전략 실행을 위한 흙막이 공법 설계변경으로 인해 약 50,000천원의 추가 비용이 발생하는 것으로 산정되었다. 2차 대응전략 수립 후 잔여위험도는 20,000천 원으로 계산되었고, 이는 아직 공종 위험허용도를 초과함에 따라, 잔여위험도를 공종 위험허용도 이하로 낮추기 위한 추가 전략수립이 필요하게 되었다.

3차 대응전략은 옹벽면의 변위에 대한 철저한 관리를 위해 시공 중은 물론 시공 후에도 철저한 관리를 위해 영구 계측기를 설치하고, 소일 네일링 철근의 영구성을 확보하기 위하여 에폭시 코팅(Epoxy coating) 철근을 사용하기로 하였다. 3차 대응전략의 효율은 약 60%로 추정되었고, 이에 소요되는 비용은 10,000천 원이었다. 3차 전략수립 후 잔여위험도는 8,000천 원으로 낮아져 위험허용도 이하가 되었다.

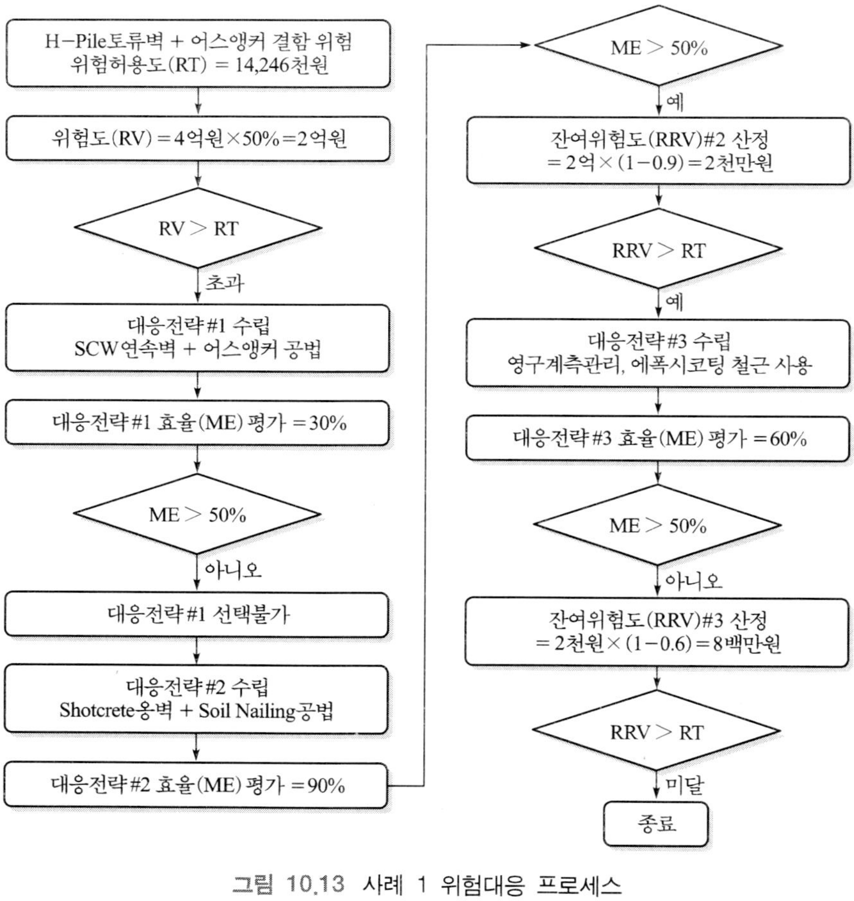

그림 10.13 사례 1 위험대응 프로세스

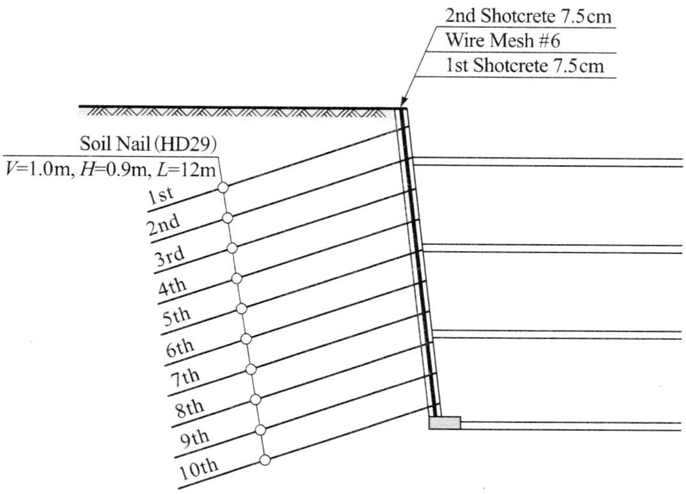

그림 10.14 Shotcrete + Soil Nailing 공법

따라서 기존 흙막이 설계인 H-Pile 토류벽 + 어스앵커 공법은 숏크리트 옹벽 + 소일 네일링 공법으로 변경하기로 하고 철저한 계측관리와 에폭시 코팅 철근을 사용하기로 결정하였다. 사례 1 위험에 대응하기 위해 소요되는 총비용은 60,000천 원으로 산정되었다. 그림 10.13은 사례 1 위험대응 프로세스를 보여주고 있으며, 그림 10.14는 숏크리트 옹벽 + 소일 네일링 공법을 보여주고 있다.

10.5.4 사례 2 : 동절기 습식공사에 따른 품질 하자 위험

사례 2는 공정계획상 동절기에 골조공사 및 습식공사가 불가피하게 됨에 따라 콘크리트 타설, 철골 내화피복 및 지하 방수공사의 품질에 심각한 하자가 발생할 위험을 인지한 것이다.

본 위험이 발생할 확률은 약 90%로 추정되었으며, 이로 인한 손실규모는 약 200,000천 원으로 예측되어 위험도는 180,000천 원으로 계산되었다. 본 위험이 속한 공종은 철근콘크리트 공사이며 공종 위험허용도가 7,858천 원으로서 위험도는 위험허용도를 훨씬 초과하고 있어 대응전략수립이 필요하였다.

본 위험에 대한 1차 대응전략으로 철골 및 덱크(Deck) 공사 완료 후 외줄비계와 천막지를 이용하여 건물을 외기와 완전히 차단시키고, 열풍기를 이용하여 콘크리트 타설시 섭씨 15도 이상을 유지하는 계획을 수립하였다. 1차 대응전략의 효율은 90%로 추정되었으며, 이를 수행하기 위한 비용은 약 20,000천 원으로 산정되었다. 그러나 1차 대응전략 수립 후 잔여위험도가 18,000천 원으로 공종 위험허용도를 초과하고 있으므로 추가 대응전략 수립이 불가피하였다.

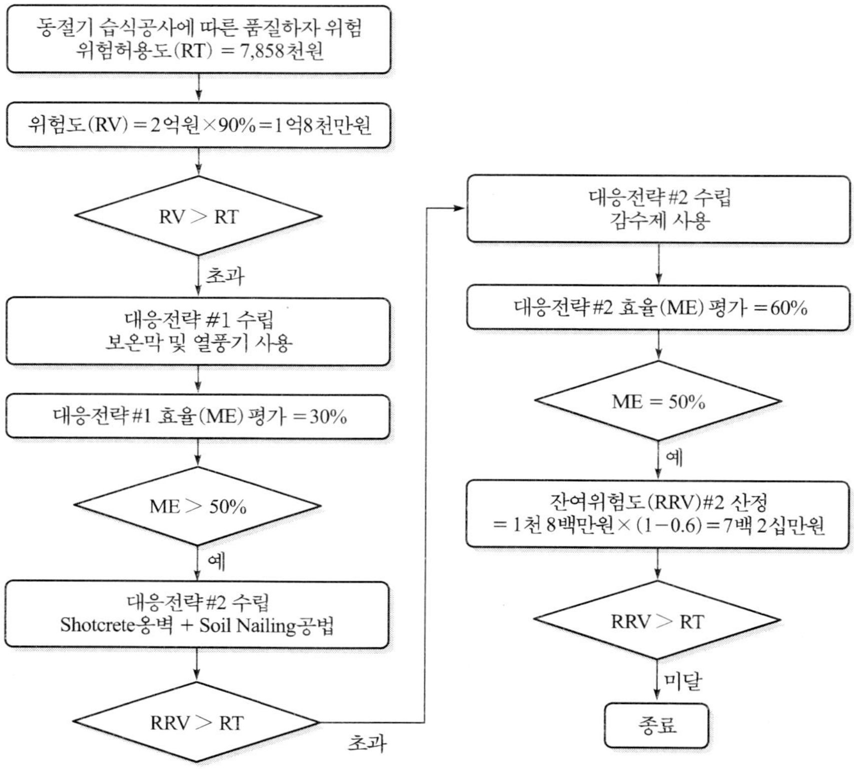

그림 10.15 사례 2 위험대응 프로세스

2차 대응전략으로 콘크리트 혼화제인 감수제를 사용하여 물시멘트비를 저감하므로서, 콘크리트의 동해 위험을 감소시키는 전략을 수립하였다. 2차 전략의 효율은 60%로 추정되었으며, 이에 따르는 추가비용은 약 3,000천 원으로 예상되었다. 2차 전략 수립 후 잔여위험도는 7,200천 원으로 공종 위험허용도 이하가 되었다.

따라서 동절기 습식공사에 따른 품질하자 발생 위험에 대한 대응전략으로 콘크리트 타설시 외줄비계와 천막지를 이용한 보온막 설치 및 열풍기 이용과 함께 콘크리트 혼화제인 감수제를 사용하기로 결정하였다. 사례 2 위험에 대응하기 위해 소요되는 총비용은

23,000천 원으로 산정되었다. 그림 10.15는 사례 2 위험대응 프로세스를 보여주고 있으며, 그림 10.16은 보온막 설치 상세도를, 그림 10.17은 열풍기 배치도를 나타내고 있다.

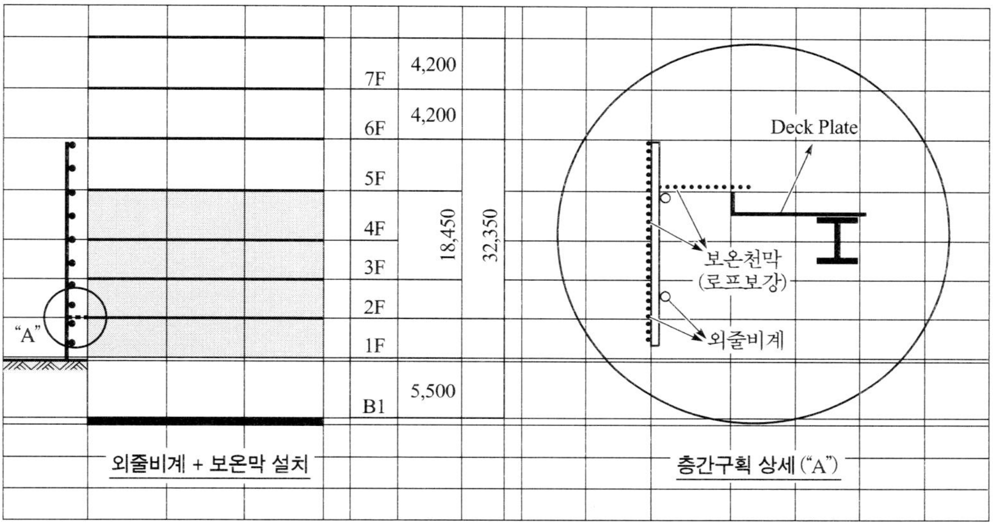

그림 10.16 보온막 설치 상세

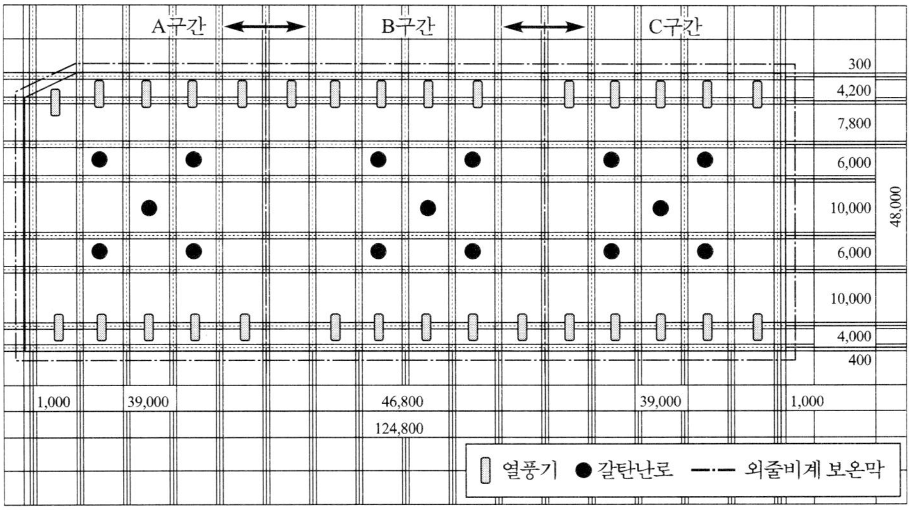

그림 10.17 열풍기 배치도

제11장 위험성과지수

11.1 위험성과지수 개요

최근 들어 사업주체 및 이해관계자가 매우 복잡하고 대규모로서 장기간의 사업생애주기를 갖는 대규모 복합 건설사업들이 많이 추진되고 있는데, 이들은 대부분 메가 프로젝트(mega-project)라는 특징을 나타내고 있다. 메가 프로젝트는 일반적으로 약 10억 달러(1조 원)를 넘는 대형 건설사업으로 정의하는데,[1] 이러한 대형 건설사업들은 생애주기 동안 사업을 지연시키거나 실패를 초래할 수 있는 수많은 위험요인들에 노출되어 있어 이러한 위험요인들을 사전에 효율적으로 관리할 수 있는 방법론과 체계의 구축이 매우 중요하다. 특히 사업의 성과를 위험관리 관점에서도 측정함으로써 위험요인들로 인해 사업이 실패할 확률을 효율적으로 감소시킬 필요가 있다. 이 장에서는 건설사업의 성과관리 측면에서 기존의 비용/공정 통합 성과관리체계인 EVMS(earned value management system)에 위험관리 관점을 추가시켜 비용/공정/위험을 통합하여 메가 프로젝트에 대한 종합 성과관리의 정확성과 효율성을 향상시키기 위한 목적으로 새로운 성과측정개념인 위험성과지수(Risk Performance Index, RPI)를 정의하고 이를 산정 및 해석, 응용하는 방법을 제시한다.[2]

1) Bent Flyvbjerg 외 2인, Megaprojects and Risk, Cambridge University Press, 2003
2) 위험성과지수관련 연구는 국토해양부가 주관하고 한국건설교통기술평가원이 시행하는 07첨단도시개발사업(과제번호 : 07도시재생B03) 연구과제 일부로서 강원대학교 연구팀에 의해 수행되었음

11.2 기존 성과관리 방법론 고찰

11.2.1 EVMS

건설사업 성과측정체계 중 가장 보편적으로 적용되고 있는 성과측정 시스템은 EVMS이다. EVMS에 대해 미국 국방성에서는 "프로젝트 사업 비용, 일정, 그리고 수행 목표의 기준 설정과 이에 대비한 실제 진도 측정을 위한 성과 위주의 관리체계"라 정의하고 있으며,[3] Fleming & Koppleman (1996)은 그의 저서에서 EVMS를 "상세히 작성된 작업계획에 실 작업을 계속적으로 측정하는 것으로서, 이를 통하여 프로젝트의 최종 사업비용과 일정을 예측할 수 있는 관리 방법"이라고 정의하고 있다.[4]

이러한 EVMS를 적용한 성과측정은 비용과 공정이 통합된 형식으로 계획 대비 실적을 비교 및 관리함으로써, 계획예산과 집행비용의 차이로부터 그 영향력을 산정할 수 있을 뿐만 아니라, 현재의 작업 기성고로부터 프로젝트 완성시의 일정 단축·지연과 예산초과 여부도 예측할 수 있게 된다. EVMS를 구성하는 요소는 프로젝트 성과측정의 기준이 되는 계획요소, 성과측정 및 경영분석을 위한 측정요소 그리고 분석요소로 분류할 수 있다. 이러한 EVMS기법을 건설사업의 성과측정에 활용하였을 경우 WBS를 통한 업무 관리단위의 유지, 일정관리의 활성화, 비용·일정의 통합관리에 의한 생산성과 정확성 증대, 그리고 프로젝트의 위험관리와 예측기능 등을 기대할 수 있다.

11.2.2 BSC

또 하나의 대표적인 성과관리체계는 균형성과표(Balanced Score Card, BSC)이다.[5] Kapan & Norton(1992)에 의해 제시된 BSC 기법은 과거 전통적인 재무 또는 회계적 측정 기준에 근거한 단기적인 성과측정의 한계와 문제점을 극복하고, 종합적이며 장기적인 성과측정의 수단을 제공하기 위한 전략경영관리기법으로 국내외 건설사업의 성과지표 수립에 광범위하게 활용되고 있다. BSC는 사업 실행의 결과를 나타내는 재무지표와 운영활동인 고객만족, 내부경영, 그리고 학습 및 성장의 운영지표로 구성되어 있다.

전통적인 측정방법과는 다르게 재무적 관점뿐만 아니라 비재무적인 관점까지 포괄적으

3) DOD, DOD Directives 5000.2-R, March 1996

4) Fleming, Q.W. and Koppleman, J.M., Earned Value Project Management, Project Management Institute : Upper Darby, PA, USA, 1996

5) Robert S. Kaplan, David P. Norton., Putting the Balanced Scorecard to work, Harvard Business Review, 1993

로 측정하여 전략적으로 관리한다는 장점이 있지만 조직마다 목표로 하는 전략과 비전이 상이하므로 전략설정에서 '무엇을 측정할 것인가'에 대한 합의를 이끌어 내는 것이 어렵다는 단점이 있다.

이러한 균형성과표는 기업경영을 평가한 것으로써 운영효과성에 중점을 두고 경영 전략을 평가한 것이기 때문에 기업경영 평가에는 유용하지만 프로젝트의 성공요인 충족정도를 평가하기에는 한계가 있다.

11.2.3 KPI

영국의 대표적인 성과측정시스템인 핵심성과지표(Key Performance Indicator, KPI)는 1998년에 추진된 건설산업의 생산성 향상을 목적으로 하는 건설혁신운동 'Rethinking Construction'에 기반을 두어 구축되었고, 공사비, 공기 등의 건설프로젝트 성과와 수익성, 생산성 등 기업의 성과를 함께 측정하고 있다.[6)]

건설혁신운동은 건설 재인식 및 혁신운동으로 건설문화, 인식, 생산방식, 생산시스템, 제도 등을 대상으로 핵심성과지표인 공기, 비용, 품질, 고객만족, 설계변경, 사업성과, 보건 및 안전 등의 7가지 그룹으로 분류되며 이를 바탕으로 성과를 측정하여 건설사업의 효율성 및 생산성 향상을 도모하며, 궁극적으로 정부, 발주자 및 건설 산업계의 파트너십 구축과 Best Practice실천을 통해 영국 건설사업의 비효율성과 비생산적 요인을 제거하고 사업성과와 비용효과를 향상시킨 것으로 평가되고 있다.

11.2.4 BM&M

미국의 미국건설산업협회(Construction Industry Institute, CII)에서 구축한 성과측정시스템인 Benchmarking & Metrics (BM&M)는 프로젝트 단위로 공사비, 공기, 안전, 설계변경, 재시공, 생산성의 6가지 부분에 대한 성과를 측정하는 체계이다.[7)] 이 시스템의 목적은 Best Practice의 보급 및 적용확대를 통한 프로젝트의 가치향상과 이를 정량화하여 산업계의 연속적인 수행능력 제고에 있다. 또한 지속적인 성과측정을 통하여 건설사업의 성과표준을 제시하고 자체평가 도구를 제공하여 회원사의 발전을 도모하고 있다.

6) The KPI Working Group, KPI Report for The Minister for Construction, Department of the Environment, Transportation and the Regions, U.K., 2000

7) CII, Benchmarking & Metrics Implementation Tookit, 2004

11.2.5 건설사업의 위험과 연계된 성과측정 방법 도출 필요성

최근 대규모 개발사업들은 기능적으로 주거, 상업, 업무, 공공, 문화, 여가 등이 복합되어 수평 및 수직적인 공간에 입체적으로 배치되는 입체·복합 공간 개발이 주류를 이루고 있다. 이러한 개발은 하나의 시설군에서 요구되는 모든 시설을 만족하는 동시에 공간의 활용성 또한 극대화되는 장점이 있지만, 참여 주체들 간의 복잡한 이해관계, 민간 및 공공 개발영역의 혼재, 운영 유지 및 자산관리 등 사업전반에 걸쳐 많은 위험요인들을 내포하고 있다. 또한 국내외 기존의 성과관리는 재무성과, 경영성과 등 주로 가시적 성과만을 측정하여 건설산업의 특성을 고려한 성과관리 연구는 미비한 실정이며, 특히 여러 사업을 포함하는 메가 프로젝트의 프로그램 수준의 성과관리 및 이에 영향을 미치는 위험요인들에 대한 연구는 매우 부족한 실정이다. 따라서 메가 프로젝트의 사업초기 단계에서 사업단계별 위험요인을 예측, 대응전략을 도출해 이와 연계된 성과를 지속적으로 관리하는 기술을 개발함으로써, 위험요인들이 사업 전체성과에 미치는 영향을 예측하고 이에 시의적절하며 효율적으로 대응할 수 있도록 위험과 연계된 성과관리 방안을 모색할 필요가 있다.

위험과 연계된 성과관리는 사업단계별 사업성과지표 중 주요/핵심항목과 연계된 위험의 수준을 정기적이며 지속적으로 예측 및 평가 대응함으로써, 위험이 높은 사업성과지표에 대해 집중적으로 관리할 수 있도록 지원 및 보완하는 방법론으로 정의한다. 이를 위해 위험성과지수(Risk Performance Index, RPI)라는 개념을 도출하고, 위험성과지수의 구성과 이를 산출하고 측정하는 방법을 정의하며, 실제 개발사업의 예에 적용하여 위험성과지수의 합리성과 효과를 검증한다.

11.3 위험성과지수 개념 및 측정방법

11.3.1 위험성과지수 정의

위험성과지수(RPI)는 대규모 건설사업 성과를 위험관리 측면에서 측정하고자 하는 성과지표로서 사업의 위험과 연계된 성과관리를 비용과 공정위험의 통합관점에서 측정할 수 있는 성과지수로서 사업일반 성과지표와 연계된 핵심 위험의 수준을 예측, 평가하는 기준으로 정의한다.

11.3.2 위험성과지수의 구성

위험성과지수는 위험관리관점에서 사업에 내재된 위험을 인지하여 3개월 주기의 예측기준일과 현재 기준일에서 발생확률과 영향을 5등급에 의해 평가하여 각각 공정위험도(Schedule Risk Value) 및 비용위험도(Cost Risk Value)로 정량화시키고, 정량화된 공정 및 비용위험도에 대한 3개월 전 예측 기준일의 위험도와 현재 기준일의 잔여위험도[8]를 평가하여 위험성과지수를 산출하게 된다. 위험성과지수는 전체 18종류의 세부지수 및 변수들로 구성되어 있으며, 각 세부지수 및 변수들에 대한 영문표기 및 요약설명, 약어를 정리하면 표 11.1과 같다.

표 11.1 위험성과지수 구성

구분	구성요소	영문표기	요약설명	약어
1	비용위험성과지수	Cost Risk Performance Index	사업에 내재된 비용(cost)과 관련된 위험을 측정하는 성과지수	CRPI
2	공정위험성과지수	Schedule Risk Performance Index	사업에 내재된 공정(schedule)과 관련된 위험을 측정하는 성과지수	SRPI
3	예측비용위험도	Forecasted Cost Risk Value	사업수행기간동안 예측기준일에서 예측되는 비용위험도	FCRV
4	예측공정위험도	Forecasted Schedule Risk Value	사업수행기간동안 예측기준일에서 예측되는 공정위험도	FSRV
5	잔여비용위험도	Residual Cost Risk Value	예측비용위험도(FCRV)에서 제거된 비용위험도를 감하고 잔존하는 비용위험도	RCRV

8) 예측위험도는 특정시점에서 위험도를 예측한 위험도이고, 잔여위험도는 위험대응전략 수립 후 전략효율성으로 인해 제거되지 않고 남는 위험도임

6	잔여공정위험도	Residual Schedule Risk Value	예측공정위험도(FSRV)에서 제거된 공정위험도를 감하고 잔존하는 공정위험도	RSRV
7	예측비용손실	Forecasted Cost Impact	사업수행기간동안 예측기준일에서 예측되는 비용손실크기	FCI
8	예측공정손실	Forecasted Schedule Impact	사업수행기간동안 예측기준일에서 예측되는 공정손실크기	FSI
9	실제비용손실	Actual Cost Impact	사업수행기간동안 현재기준일에서 비용위험으로 인해 실질적으로 발생한 비용손실크기	ACI
10	실제공정손실	Actual Schedule Impact	사업수행기간동안 현재기준일에서 공정위험으로 인해 실질적으로 발생한 공정손실크기	ASI
11	손실비용차이	Cost Impact Variance	사업수행기간동안 현재기준일에서 산정되는 예측비용손실(FCI)과 실제비용손실(ACI)의 차이	CIV
12	손실공정차이	Schedule Impact Variance	사업수행기간동안 현재기준일에서 산정되는 예측공정손실(FSI)과 실제공정손실(ASI)의 차이	SIV
13	실제대응비용	Actual Response Cost	사업수행기간동안 현재기준일까지 예측되었던 비용위험에 실제 대응함으로써 발생한 위험대응비용의 누적합계	ARC
14	실제대응일수	Actual Response Days	사업수행기간동안 현재기준일까지 예측되었던 공정위험에 실제 대응함으로써 발생한 위험대응일수의 누적합계	ARD
15	비용위험대응차이	Cost Risk Response Variance	사업수행기간동안 현재기준일에서 산정되는 실제비용손실(ACI)과 실제대응비용(ARC)의 차이	CRRV
16	공정위험대응차이	Schedule Risk Response Variance	사업수행기간동안 현재기준일에서 산정되는 실제공정손실(ASI)과 실제대응일수(ARD)의 차이	SRRV
17	비용위험대응효율	Cost Risk Response Effective	사업수행기간동안 현재기준일에서 손실비용차이(CIV)를 실제대응비용(ARC)으로 나눈 값으로 손실비용차이 대비 실제대응비용의 효율	CRRE
18	공정위험대응효율	Schedule Risk Response Effective	사업수행기간동안 현재기준일에서 손실공정차이(SIV)를 실제대응일수(ARD)로 나눈 값으로 손실공정차이 대비 실제대응일수의 효율	SRRE

11.3.3 위험성과지수 산출 및 해석방법

(1) 비용위험성과지수(CRPI)

비용위험성과지수(CRPI)는 사업기간동안 예측 기준일의 예측비용위험도(FCRV)로 부터 현재 기준일의 잔여비용위험도(RCRV)를 감한 값을 예측비용위험도로 나눈 비율로 나타내며 산출식은 식 (11.1)과 같다.

$$\mathrm{CRPI} = \frac{\mathrm{FCRV} - \mathrm{RCRV}}{\mathrm{FCRV}} \tag{11.1}$$

CRPI : 비용위험성과지수(Cost Risk Performance Index)

FCRV : 예측비용위험도(Forecasted Cost Risk Value)

RCRV : 잔여비용위험도(Residual Cost Risk Value)

비용위험성과지수를 해석하는 방법은 다음과 같다. 첫째, CRPI가 "1"인 경우로서 잔여비용위험도가 "0"인 상태를 나타내므로 비용위험이 완전히 제거된 상태이며, 사업에 내재되고 있는 위험이 "0"인 상태를 의미하므로 비용위험이 최상의 상태를 나타낸다고 해석할 수 있다. 둘째, CRPI가 "0"보다 크고 "1"보다 작은 경우로서 잔여비용위험도가 예측비용위험도이하인 상태를 나타내는데, 이는 사업에 내재되고 있는 위험이 아직 잔존하고 있으나, 그 크기가 예측보다 낮은 상태이므로 비용위험이 양호한 상태를 나타낸다고 해석할 수 있다. 셋째, CRPI가 "0"인 경우로서 예측비용위험도와 잔여비용위험도가 같은 상태를 나타내는데, 이는 사업에 내재되고 있는 예측비용위험도가 전혀 감소하지 않은 상태를 나타내므로 비용위험이 전혀 줄지 않은 상태를 나타낸다고 해석할 수 있다. 넷째, CRPI가 "0" 이하인 상태로서 잔여비용위험도가 예측비용위험도를 초과하는 상태를 나타내는데, 이는 사업에 내재된 비용위험도가 오히려 증가한 상태를 나타내므로 비용위험이 악화된 상태를 나타낸다고 해석할 수 있다. 비용위험성과지수 해석방법을 정리하면 표 11.2와 같다.

표 11.2 비용위험성과지수 해석방법

구분	내 용
CRPI=1	잔여비용위험도가 0이므로 비용위험이 완전히 제거된 최적의 상태
0<CRPI<1	잔여비용위험도가 예측비용위험도 보다 작아진 비용위험이 양호한 상태
CRPI=0	예측비용위험도가 잔여비용위험도와 동일하므로 비용위험이 전혀 줄어들지 않은 상태
CRPI<0	잔여비용위험도가 예측비용위험도를 초과하므로 비용위험이 악화된 상태

(2) 공정위험성과지수(SRPI)

공정위험성과지수(SRPI)는 사업기간동안 예측 기준일의 예측공정위험도(FSRV)로 부터 현재 기준일의 잔여공정위험도(RSRV)를 감한 값을 예측공정위험도로 나눈 비율로 나타내며 산출식은 식 (11.2)와 같다.

$$SRPI = \frac{FSRV - RSRV}{FSRV} \tag{11.2}$$

SRPI : 공정위험성과지수(Schedule Risk Performance Index)
FSRV : 예측공정위험도(Forecasted Schedule Risk Value)
RSRV : 잔여공정위험도(Residual Schedule Risk Value)

공정위험성과지수를 해석하는 방법은 다음과 같다. 첫째, SRPI가 "1"인 경우로서 잔여공정위험도가 "0"인 상태를 나타내므로 공정위험이 완전히 제거된 상태이며, 사업에 내재되고 있는 위험이 "0"인 상태를 의미하므로 공정위험이 최상의 상태를 나타낸다고 해석할 수 있다. 둘째, SRPI가 "0"보다 크고 "1"보다 작은 경우로서 잔여공정위험도가 예측공정위험도이하인 상태를 나타내는데, 이는 사업에 내재되고 있는 위험이 아직 잔존하고 있으나, 그 크기가 예측보다 낮은 상태이므로 공정위험이 양호한 상태를 나타낸다고 해석할 수 있다. 셋째, SRPI가 "0"인 경우로서 예측공정위험도와 잔여공정위험도가 같은 상태를 나타내는데, 이는 사업에 내재되고 있는 예측공정위험도가 전혀 감소하지 않은 상태를 나타내므로 공정위험이 전혀 줄지 않은 상태를 나타낸다고 해석할 수 있다. 넷째, SRPI가 "0" 이하인 상태로서 잔여공정위험도가 예측공정위험도를 초과하는 상태를 나타내는데, 이는 사업에 내재된 공정위험도가 오히려 증가한 상태를 나타내므로 공정위험이 악화된 상태를 나타낸다고 해석할 수 있다. 공정위험성과지수 해석방법을 정리하면 표 11.3과 같다.

표 11.3 공정위험성과지수 해석방법

구분	내 용
SRPI=1	잔여비용위험도가 0이므로 공정위험이 완전히 제거된 최적의 상태
0<SRPI<1	잔여공정위험도가 예측공정위험도 보다 작아진 공정위험이 양호한 상태
SRPI=0	예측공정위험도가 잔여공정위험도와 동일하므로 공정위험이 전혀 줄어들지 않은 상태
SRPI<0	잔여공정위험도가 예측공정위험도를 초과하므로 공정위험이 악화된 상태

(3) 비용/공정위험성과지수 통합 측정

비용위험성과지수와 공정위험성과지수를 통합하여 비용/공정/위험성과를 그림 11.1과 같이 4분면 차트에 표기하는 방법으로 표시함으로써, 성과지수 측정시점별 비용/공정/위험성과의 변화상황을 일목요연하게 파악할 수 있다.

비용/공정위험성과지수 통합 차트 해석방법은 다음과 같다. 첫째, 비용위험성과지수와 공정위험성과지수가 모두 "1"인 경우 비용/공정위험이 완전히 제거된 상태를 나타낸다. 둘째, 비용위험성과지수와 공정위험성과지수가 모두 "0"보다 큰 경우 비용위험과 공정위험이 모두 감소된 매우 양호한 상태를 나타낸다. 셋째, 비용위험성과지수는 "0"보다 크나, 공정위험성과지수가 "0"보다 작은 경우 비용위험은 감소하였으나 공정위험은 증가한 상태를 나타낸다. 넷째, 비용위험성과지수는 "0"보다 작으나, 공정위험성과지수가 "0"보다 큰 경우 비용위험은 증가하였으나 공정위험은 감소한 상태를 나타낸다. 다섯째 비용위험성과지수와 공정위험성과지수가 모두 "0"보다 작은 경우 비용위험과 공정위험이 모두 증대된 매우 악화된 상태를 나타낸다.

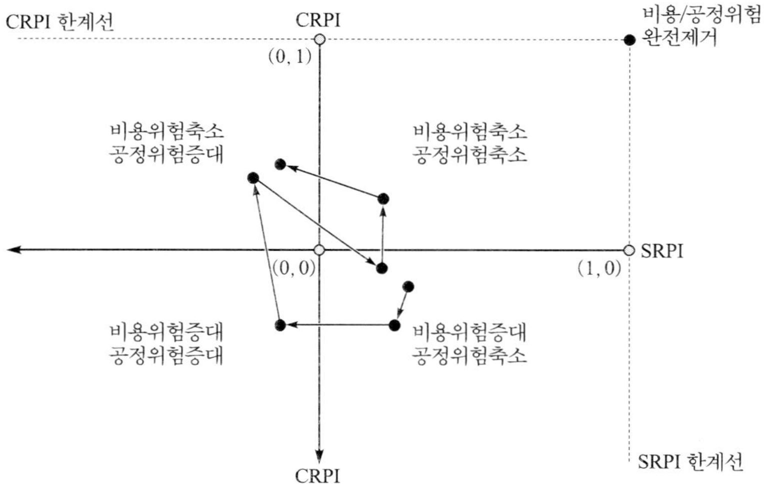

그림 11.1 비용/공정위험성과지수 통합 측정

(4) 손실비용차이(CIV), 손실공정차이(SIV)

손실비용차이(CIV)와 손실공정차이(SIV)는 비용 및 공정위험으로 인해 예측 기준일에서 평가되었던 비용/공정손실과 현재 기준일에서 실제 발생된 비용/공정손실을 비교 측정함으로써 위험대응이 효율적으로 수행되었는지 판단하고자 하는 성과지수로서 각각의 산출식은 식 (11.3), 식 (11.4)과 같다.

$$CIV = FCI - ACI \tag{11.3}$$

$$SIV = FSI - ASI \tag{11.4}$$

CIV : 손실비용차이(Cost Impact Variance)
FCI : 예측비용손실(Forecasted Cost Impact)
ACI : 실제비용손실(Actual Cost Impact)
SIV : 손실공정차이(Actual Schedule Impact)
FSI : 예측공정손실(Forecasted Schedule Impact)
ASI : 실제공정손실(Actual Schedule Impact)

손실비용차이와 손실공정차이를 해석방법은 다음과 같다. 첫째, CIV가 "0"보다 큰 경우 실제비용손실이 예측비용손실보다 작아 비용위험에 대한 위험대응이 효율적이었거나 비용위험이 감소한 것을 나타낸다. 둘째, CIV가 "0"보다 작은 경우 실제비용손실이 예측비용손실을 초과하여 비용위험에 대한 위험대응이 비효율적이었거나 비용위험이 증가한 것을 나타낸다. 셋째, SIV가 "0"보다 큰 경우 실제공정손실이 예측공정손실보다 작아 공정위험에 대한 위험대응이 효율적이었거나 공정위험이 감소한 것을 나타낸다. 넷째, SIV가 "0"보다 작은 경우 실제공정손실이 예측공정손실을 초과하여 공정위험에 대한 위험대응이 비효율적이었거나 공정위험이 증가한 것을 나타낸다. 손실비용차이와 손실공정차이를 해석방법을 정리하면 표 11.4와 같다.

표 11.4 손실비용차이, 손실공정차이

구분	내 용
CIV>0	실제비용손실이 예측비용손실보다 작음 위험대응이 효율적이었거나, 비용위험이 감소
CIV<0	실제비용손실이 예측비용손실 초과 위험대응 효율이 없었거나, 비용위험이 증가
SIV>0	실제공정손실이 예측공정손실보다 작음 위험대응이 효율적이었거나, 공정위험 감소
SIV<0	실제공정손실이 예측공정손실 초과 위험대응 효율이 없었거나, 공정위험 증가

(5) 비용위험대응차이(CRRV), 공정위험대응차이(SRRV)

비용위험대응차이(CRRV)는 현재 기준일에서 파악된 비용손실차이와 실제대응비용손실차이이며, 공정위험대응차이(SRRV)는 현재 기준일에서 파악된 공정손실차이와 실제대응일수의 차이로서 각각의 산출식은 식 (11.5), 식 (11.6)과 같다.

$$CRRV = CIV - ARC \quad (11.5)$$

$$SRRV = SIV - ARD \quad (11.6)$$

CRRV : 비용위험대응차이(Cost Risk Response Variance)
CIV : 비용손실차이(Cost Impact Variance)
ARC : 실제대응비용(Actual Response Cost)
SRRV : 공정위험대응차이(Schedule Risk Response Variance)
SIV : 실제공정손실(Schedule Impact Variance)
ARD : 실제대응일수(Actual Response Days)

비용위험대응차이와 공정위험대응차이를 해석하는 방법은 다음과 같다. 첫째, CRRV가 "0"보다 큰 경우 비용위험에 대한 대응전략의 효율이 양호한 것을 나타낸다. 둘째, CRRV가 "0"보다 작은 경우 비용위험에 대한 대응전략의 효율이 불량한 것을 나타낸다. 셋째, SRRV가 "0"보다 큰 경우 공정위험에 대한 대응전략의 효율이 양호한 것을 나타낸다. 넷째, SRRV가 "0"보다 작은 경우 비용위험에 대한 대응전략의 효율이 양호한 것을 나타낸다. 비용위험대응차이와 공정위험대응차이의 해석방법을 정리하면 표 11.5와 같다.

표 11.5 비용위험대응차이, 공정위험대응차이 해석방법

구분	내 용
CRRV>0	비용위험 대응전략 효율 양호
CRRV<0	비용위험 대응전략 효율 불량
SRRV>0	공정위험 대응전략 효율 양호
SRRV<0	공정위험 대응전략 효율 불량

(6) 비용/공정위험 대응차이 통합 측정

비용위험대응차이(CRRV)와 공정위험대응차이(SRRV)를 통합하여 그림 11.2와 같이 4분면 차트에 표기하는 방법으로 비용/공정위험 대응전략 효율의 변화상황을 종합적으로 파악할 수 있다. 비용/공정위험 대응차이 통합 차트 해석방법은 다음과 같다. 첫째, 비용위험대응차이와 공정위험대응차이가 모두 "0"보다 큰 경우 비용위험과 공정위험 대응전략의 효율성이 모두 양호한 상태를 나타낸다. 둘째, 비용위험대응차이는 "0"보다 크나, 공정위험대응차이가 "0"보다 작은 경우 비용위험 대응전략의 효율성은 양호하지만 공정위험 대응전략의 효율성은 불량한 상태를 나타낸다. 셋째, 비용위험대응차이는 "0"보다

작으나, 공정위험대응차이가 "0"보다 큰 경우 비용위험 대응전략의 효율성은 불량하지만 공정위험 대응전략의 효율성은 양호한 상태를 나타낸다. 넷째, 비용위험대응차이와 공정위험대응차이가 모두 "0"보다 작은 경우 비용위험과 공정위험 대응전략의 효율성이 모두 불량한 상태를 나타낸다.

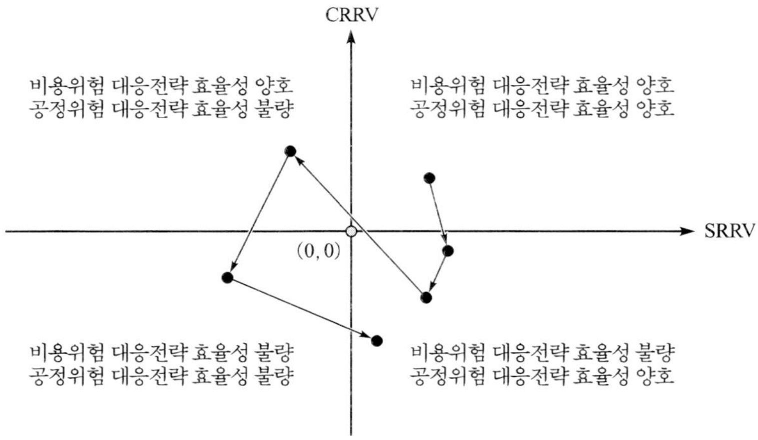

그림 11.2 비용/공정위험 대응차이 측정

(7) 비용위험대응효율(CRRE)

비용위험대응효율(CRRE)은 사업 수행기간동안 현재 기준일에서 예측비용손실(FCI) 대비 실제대응비용(ACI)의 효율성을 측정하는 지수이다. 그러나 전체 사업기간 중 예측비용손실(FCI), 실제비용손실(ACI), 실제대응비용(ARC)의 곡선이 변화하는 추세는 각각 다르다. 일반적으로 세 종류의 곡선의 변화 형태는 시작단계에서 "0"로 시작하여, 개발단계 즉 시공단계 4분의 3지점에서 최고점에 도달한 후 사업완료와 함께 다시 "0"이 되며, 곡선변화의 크기는 예측비용손실곡선이 가장 크게 변화하고, 실제비용손실곡선, 실제대응비용곡선 순서로 변화한다. 그림 11.3은 사업기간에 따른 예측/실제비용손실과 대응비용의 변화추세를 나타내고 있다. 사업기간 중 현재 기준일에서 예측비용손실(FCI), 실제비용손실(ACI)의 차이가 손실비용차이(CIV)가 되고, 손실비용차이(CIV)와 실제대응비용(ARC)의 차이가 위험비용대응차이(CRRV)가 된다.

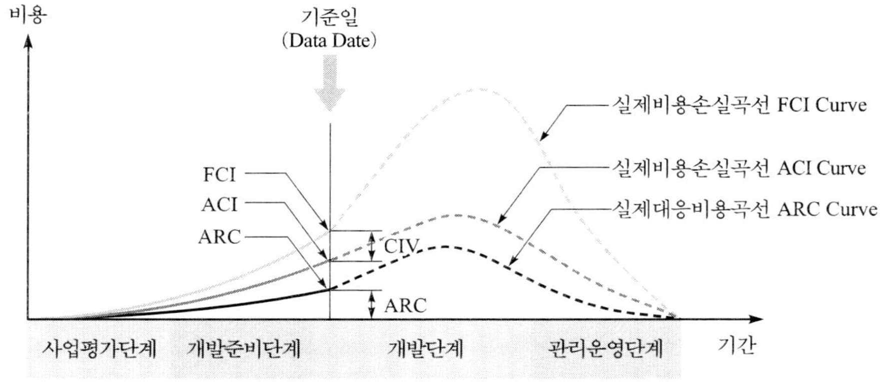

그림 11.3 사업기간 예측/실제비용손실과 대응비용관계

그림 11.3으로부터 사업기간 중 현재 기준일에서 비용위험대응효율(CRRE)은 손실비용차이(CIV)를 실제대응비용(ARC)으로 나눈 비율로서 산출되며 산출식은 식 (11.7)과 같다.

$$CRRE = \frac{CIV}{ARC} \tag{11.7}$$

CRRE : 비용위험대응효율(Cost Risk Response Effective)

CIV : 손실비용차이(Cost Impact Variance)

ARC : 실제대응비용(Actual Response Cost)

비용위험대응효율(CRRE)을 해석하는 방법은 다음과 같다. 첫째, CRRE가 "1"보다 큰 경우로서 손실비용차이보다 실제대응비용이 작으므로 비용위험 대응 효율성이 양호한 상태를 나타내고, 둘째, CRRE가 "1"인 경우로서 손실비용차이와 실제대응비용이 동일함으로써 비용위험 대응 효율이 나타나지 않은 상태이고, 셋째, CRRE가 "1"보다 작은 경우로서 현재 기준일에서 실제 발생한 비용손실이 실제 대응비용보다 크므로 비용위험 대응 효율성이 불량한 상태를 나타내고 있다. 비용위험대응효율 해석방법을 정리하면 표 11.6과 같다.

표 11.6 비용위험대응효율의 해석방법

구분	내 용
CRRE>1	손실비용차이(CIV)보다 실제대응비용(ARC)이 작으므로 대응 효율 양호
CRRE=1	손실비용차이(CIV)와 실제대응비용(ARC)이 같으므로 대응 효율 없음
CRRE<1	손실비용차이(CIV)보다 실제대응비용(ARC)이 크므로 대응 효율 불량

(8) 공정대응위험효율(SRRE)

공정위험대응효율(SRRE)은 사업 수행기간동안 현재 기준일에서 예측공정손실(FSI) 대비 실제대응일수(ASI)의 효율성을 측정하는 지수이다. 사업기간 중 현재 기준일에서 예측공정손실(FSI), 실제공정손실(ASI)의 차이가 손실공정차이(SIV)가 되고, 손실공정차이(SIV)과 실제대응일수(ARD)의 차이가 위험공정대응차이(SRRV)가 된다. 사업기간 중 현재 기준일에서 공정위험대응효율(SRRE)은 손실공정차이(SIV)를 실제대응일수(ARD)로 나눈 비율로서 산출되며 산출식은 식 (11.8)과 같다.

$$\mathrm{SRRE} = \frac{\mathrm{SIV}}{\mathrm{ARD}} \tag{11.8}$$

SRRE : 공정위험대응효율(Schedule Risk Response Effective)

SIV : 손실공정차이(Schedule Impact Variance)

ARD : 실제대응일수(Actual Response Days)

공정위험대응효율(SRRE)을 해석하는 방법은 다음과 같다. 첫째, SRRE가 “1”보다 큰 경우로서 손실공정차이보다 실제대응일수가 작으므로 공정위험 대응 효율성이 양호한 상태를 나타내고, 둘째, SRRE가 “1”인 경우로서 손실공정차이와 실제대응일수가 동일함으로서 공정위험 대응 효율이 나타나지 않은 상태이고, 셋째, SRRE가 “1”보다 작은 경우로서 현재 기준일에서 실제 발생한 공정손실이 실제 대응일수보다 크므로 공정위험 대응 효율성이 불량한 상태를 나타내고 있다. 공정위험대응효율 해석방법을 정리하면 표 11.7과 같다.

표 11.7 공정위험대응효율의 해석방법

구분	내 용
SRRE > 1	손실공정차이(SIV)보다 실제대응일수(ARD)가 작으므로 대응 효율 양호
SRRE = 1	손실공정차이(SIV)와 실제대응일수(ARD)와 같으므로 대응 효율 없음
SRRE < 1	손실공정차이(SIV)보다 실제대응일수(ARD)가 크므로 대응 효율 불량

(9) 사업예비비(CR)와 실제대응비용(ARC)의 관계

사업예비비(contingency reserve, CR)와 실제대응비용(ARC)의 관계는 일반적으로 다음과 같이 정리될 수 있다. 사업착수시점의 예비비(CR_0)는 사업진행에 따라 감소하여 사업완료시점에서 예비비(CR_{100})는 “0”이 된다. 사업착수시점의 실제대응비용(ARC_0)은 "0"이 되고, 사업이 진행됨에 따라 실재대응비용은 증가하여 사업완료시점에서 실제대응비용(ARC_{100})의 누계 값은 사업착수시점의 예비비(CR_0)에 도달하게 된다. 그림 11.4는 전체사업기간동안 사업예비비와 실제대응비용의 이러한 상호관계를 도식화시킨 것이다.

그림 11.4로부터 특정시점에서 CRn 과 ARCn를 해석하는 방법은 다음과 같다. 첫째, CR0 = CRn + ARCn인 경우, 즉 특정시점에서의 예비비와 실제대응비용의 합이 사업착수시점의 예비비와 동일한 경우로서 특정 시점의 예비비가 적정하다고 판단할 수 있다. 둘째, $CR_0 > CRn + ARCn$인 경우, 즉 특정시점에서의 예비비와 실제대응비용의 합이 사업착수시점의 예비비보다 작은 경우, 위험이 줄어들고 있거나 예비비가 과다하여 축소를 고려할 필요가 있다. 셋째, $CR_0 < CRn + ARCn$인 경우, 즉 특정시점에서의 예비비와 실제대응비용의 합이 사업착수시점의 예비비보다 큰 경우, 위험이 증가하고 있거나, 예비비가 과소 책정되어 증가를 고려할 필요가 있다. 특정시점에서 CRn과 ARCn 해석방법을 정리하면 표 11.8과 같다.

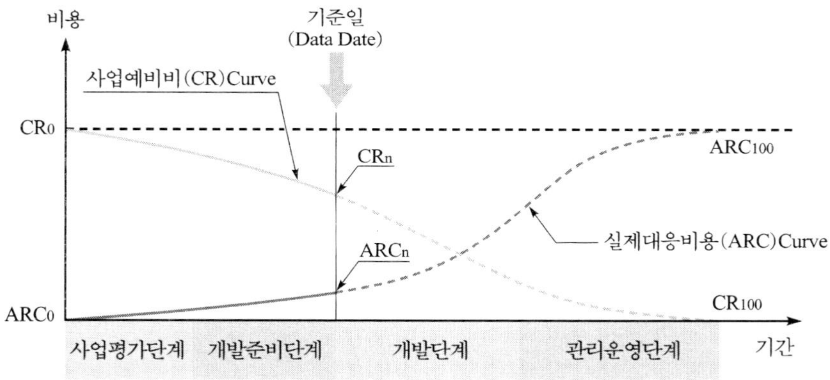

그림 11.4 사업예비비(CR)와 실제대응비용(ARC) 관계

표 11.8 특정시점에서 CRn과 ARCn 해석방법

구분	내 용
CR_0=CRn+ARCn	특정시점 예비비와 실제대응비용의 합이 사업착수시점의 예비비와 동일하므로 예비비가 적정하다고 판단됨
CR_0 > CRn+ARCn	특정시점 예비비와 실제대응비용의 합이 사업착수시점의 예비비보다 작으므로 위험감소 또는 예비비 축소 고려 필요
CR_0 < CRn+ARCn	특정시점 예비비와 실제대응비용의 합이 사업착수시점의 예비비보다 크므로 위험증대 또는 예비비 증가 고려 필요

11.4 위험성과지수 적용 사례

11.4.1 정성/정량 위험성과측정표

위험성과지수와 산정방법이 건설사업의 위험요인과 연계된 성과를 분석하는데 유용한지 여부를 검증하기 위해 실제 재개발 사업에 적용한다. 위험성과측정은 정성적 관점과 정량적 관점에서 구분하여 실시하는 것으로 분류하고 정성적 위험성과측정은 그림 11.5의 형식을 기준하며, 정량적 위험성과측정은 그림 11.6의 형식을 기준한다.

위험성과측정표 (정성)
Risk Performance Measurement Table (Qualitative)

		예측평가 기준일 : 2010.4.1																		현재평가 기준일 : 2009.7.1																	
위험요인 ID	위험요인 개요	예측위험도 (Forecasted RV)																		잔여위험도 (Residual RV)																위험성과지수	
		① 가중치	② 발생가능성 Probability Scale					③ 비용영향 Cost Impact Scale					④=②×③ 비용 위험도 (FCRV)	⑤ 공기영향 Schedule Impact Scale					⑥=②×⑤ 공정 위험도 (FSRV)	⑦ 발생가능성 Probability Scale					⑧ 비용영향 Cost Impact Scale					⑨=⑦×⑧ 비용 위험도 (RCRV)	⑩ 공기영향 Schedule Impact Scale					⑪=⑦×⑩ 공정 위험도 (RSRV)	⑫=(④−⑨)/④ 비용위험 성과지수 (CRPI)	⑬=(⑥−⑪)/⑥ 공정위험 성과지수 (SRPI)
			1	2	3	4	5	1	2	3	4	5		1	2	3	4	5		1	2	3	4	5	1	2	3	4	5		1	2	3	4	5			
−01A001	분양률 저조	0.35				○						○	20		○				8			○				○				6				○		12	0.7	−0.5
=02B001	자금조달의 불안전성	0.24					○			○			15			○			15				○					○		16			○			12	−0.07	0.2

그림 11.5 정성적 위험성과측정표(예시)

위험성과측정표 (정량)
Risk Performance Measurement Table (Qualitative)

(단위 : 천원, 일)

									예측평가 기준일 : 2010.4.1			실제평가 기준일 : 2010.7.1		
위험요인 ID	위험요인 개요	① 가중치	비용위험손실 / 대응효율						공정위험손실 / 대응효율					
			② 예측손실 (FCI)	③ 실제손실 (ACI)	④=②−③ 손실차이 (CIV)	⑤ 실제대응 (ARC)	⑥=③−⑤ 대응차이 (CRRV)	⑦=④÷⑤ 대응효율 (CRRE)	⑧ 예측손실 (FSI)	⑨ 실제손실 (ASI)	⑩=⑧−⑨ 손실차이 (SIV)	⑪ 실제대응 (ARD)	⑫=⑨−⑪ 대응차이 (SRRV)	⑬=⑩÷⑪ 대응효율 (SRRE)
−01A001	분양률 저조	0.35	200,000	150,000	50,000	30,000	120,000	1.67	65	80	−15	86	−6	−0.17
=02B001	자금조달의 불안전성	0.24	50,000	30,000	20,000	35,000	−5,000	0.57	35	30	5	4	26	1.25

그림 11.6 정량적 위험성과측정표(예시)

정량적 위험성과측정표는 인지된 위험요인들에 대해 5점 척도의 발생확률과 영향도 등급을 기준으로 비용과 공정측면에서 3개월 단위로 평가하여 이를 식 (11.1)과 (11.2)에 의해 예측비용위험도(FCRV)와 잔여비용위험도(RCRV), 예측공정위험도(FSRV)와 잔여공정위험도(RSRV)를 산정하고, 최종적으로 비용위험성과지수(CRPI)와 공정위험성과지수(SRPI)를 계산한다.

정성적 위험성과측정표는 인지된 위험요인들의 예측비용/공정위험손실(FCI/FSI)과 실제비용/공정손실(ACI/ASI), 그리고 실제대응비용/공정일수(ARC/ARD)를 3개월 단위로 평가하여 이를 식 (11.3)과 (11.4)에 의해 손실비용/공정차이(CIV/SIV), 식 (11.5)와 (11.6)에 의해 대응비용/공정차이(CRRV/SRRV), 식 (11.7)과 (11.8)에 의해 대응비용/공정효율(CRRE/SRRE)을 계산한다.

그림 11.5와 11.6은 주택 재개발사업의 위험성과지수를 산정하고 위험성과를 측정하는 실제 예이다. 이를 통해 이 장에서 제시한 위험성과측정 모델의 이론적이며 실질적인 가치와 정당성을 검증한다. 그림 11.5, 11.6에서 위험성과측정은 3개월 주기로 실시하였으며, 현재 기준일는 2010.7.1이고 예측 기준일은 3개월 전인 2010.4.1이다.

그림 11.5에서 두 개의 위험요인중 첫 번째 '분양률 저조'에 대해 정성적 위험성과를 측정한 결과는 다음과 같다. 예측 기준일 2010.4.1 시점에서 확률등급은 '4' 비용영향등급은 '5'로 예측 평가되어, 예측비용위험도(FCRV)는 '20'으로 산정되었다. 그리고 공정영향등급은 '2'로 평가되어 예측공정위험도(FSRV)는 '8'로 계산되었다. 현재 기준일 2010.7.1 시점에서 해당 위험요인의 잔여위험도에 대해 재평가한 결과 확률등급은 '3'으로 낮아졌고, 비용영향등급도 '2'로 낮아져 잔여비용위험도(RCRV)는 '6'으로 산정되었으며, 반면에 공정영향등급은 '4'로 높아져 잔여공정위험도(RSRV)는 '12'로 산정되었다. 이상의 FCRV, FSRV, RCRV, RSRV로 부터 정성적 위험성과지수인 비용위험성과지수(CRPI)는 식 (11.1)에 의해 '0.7'로 계산되었고, 공정위험성과지수(SRPI)는 식 (11.2)에 의해 '−0.5'로 계산되었다. CRPI '0.7'은 표 11.2로부터 '0'과 '1'사이에 위치하므로 비용위험은 '잔여비용위험도가 예측비용위험도보다 작아진 비용위험이 양호한 상태'로서 비용위험이 낮아졌거나 효율적으로 잘 관리되고 있음을 나타낸다. 반면에 SRPI '−0.5'는 표 11.3으로 부터 '0' 이하이므로 공정위험은 '잔여공정위험도가 예측공정위험도를 초과하므로 공정위험이 악화된 상태'로서 공정위험이 높아졌거나 비효율적으로 관리되고 있음을 나타낸다. 이와 같은 CRPI와 SRPI에 대한 분석결과로부터 해당 위험요인의 공정위험 관리의 효율성을 향상시켜 공정위험을 감소시키는데 사업관리 역량을 집중시킬 필요가 있음을 확인할 수 있다.

그림 11.6은 정량적 위험성과측정 결과를 나타내고 있다. 그림 11.6의 위험요인 '분양률 저조'에 대해, 첫째 비용위험 측면에서 예측 기준일에서 정량적으로 평가한 예측비용손실(FCI)은 '2억 원', 현재 기준일에서 평가한 실제비용손실(ACI)은 '1억 5천만원'이므로, 식 (11.3)을 통해 비용손실차이(CIV)는 '5천만 원'으로 계산된다. CIV '5천만 원'은 표 11.4로부터 '실제비용손실이 예측비용손실보다 작음. 위험대응이 효율적이었거나, 비용위험 감소'되고 있음을 알 수 있다. 또한 실제 위험대응에 소요된 비용인 실제대응비

용(ARC)은 '3천만 원'이므로 식 (11.5)를 통해 비용위험대응차이(CRRV)는 '1억 2천만 원'으로 계산된다. CRRV '1억 2천만 원'은 표 11.5로부터 CRRV가 '0'보다 크므로 비용위험대응전략 효율이 양호하였음을 알 수 있다. 또한 식 (11.7)을 통해 비용위험대응효율(CRRE)이 '1.67'로 계산되며, CRRE '1.67'는 11.6으로 부터 '손실비용차이(CIV)보다 실제대응비용(ARC)이 작으므로 대응효율이 양호'하였음을 알 수 있다.

둘째 공정위험측면에서 예측 기준일에서 정량적으로 평가한 예측공정손실(FSI)은 '65일', 현재 기준일에서 평가한 실제공정손실(ASI)은 '80일'이므로, 식 (11.4)를 통해 공정손실차이(SIV)는 '−15일'로 계산된다. SIV '−15일'은 표 11.4로부터 '실제공정손실이 예측공정손실 초과 위험대응 효율이 없었거나, 공정위험이 증가'하고 있음을 알 수 있다. 또한 실제 위험대응에 소요된 일수인 실제대응일수(ARD)는 '86일'이므로 식 (11.6)을 통해 공정위험대응차이(SRRV)는 '−6일'로 계산된다. SRRV '−6일'은 표 11.5로부터 '0'보다 작으므로 '공정위험 대응전략의 효율이 불량'이었음을 알 수 있다. 또한 식 (11.8)을 통해 공정위험 대응효율(SRRE)이 '−0.17'로 계산되며, SRRE '−0.17'은 표 11.6으로부터도 '공정위험 대응효율이 불량'함을 알 수 있다.

이상과 같은 위험요인 '분양률 저조'에 대한 위험성과측정의 실제 예를 통해 이 책에서 제안하는 위험성과지수와 성과측정 모델이 이론적인 체계를 잘 갖추고 있으며 공정/비용/위험 통합 성과측정을 위한 실질적인 가치와 정당성이 있음을 확인하였다.

11.4.2 위험성과지수 차트(risk performance measurement chart)

위험성과지수 차트는 위험성과 평가주기마다 작성되는 정성적 정량적 위험성과측정 결과를 차트로 작성하여 성과관리 항목별 위험요인의 위험성과지수 변화 추이를 시각적으로 추적할 수 있도록 함으로써 효율적인 대응방안을 수립하는데 도움을 준다. 위험성과지수 차트는 매트릭스 차트, 기간별 추이 차트, 위험 대시보드 차트로 구성된다.

(1) 매트릭스 차트(matrix chart)

매트릭스 차트는 비용/공정위험성과지수(CRPI/SRPI) 및 비용/공정대응차이(CRRV/SRRV)를 통합하여 기간별로 변화하는 추이를 4분면에 표현한다.

(2) 기간별 추이 차트(periodic trend chart)

사업진행에 따라 기간별로 측정된 비용/공정손실차이(CIV/SIV)와 비용/공정대응효율(CRRV/SRRV)에 대한 추이를 표현한다.

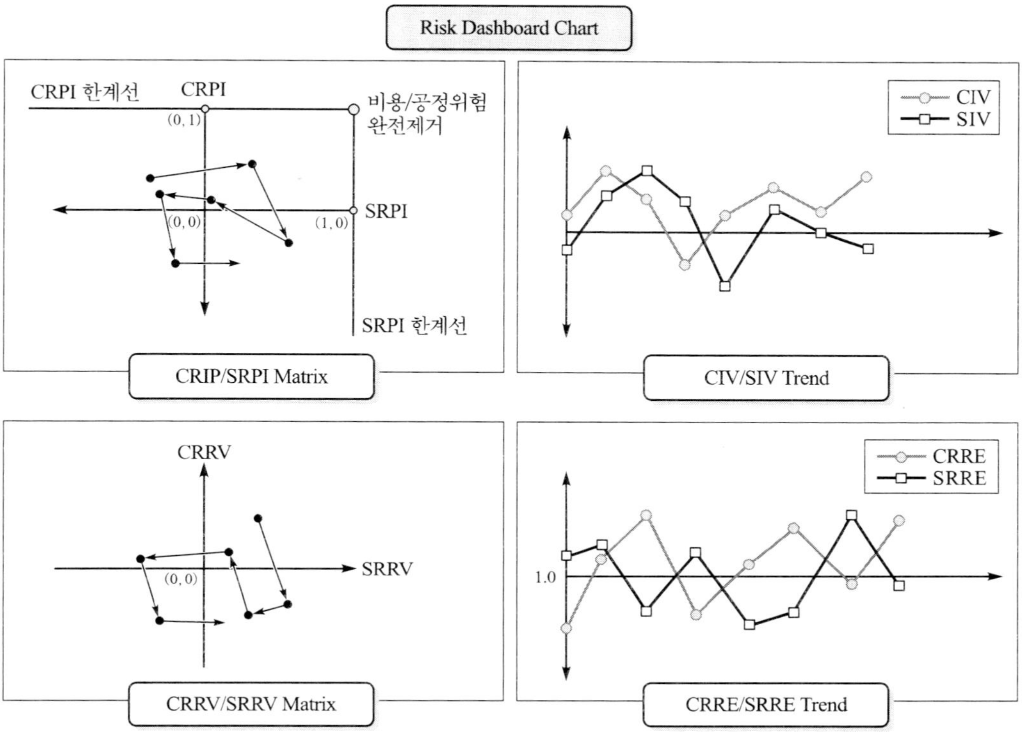

그림 11.7 위험 대시보드 차트 (예)

(3) 위험 대시보드 차트(risk dashboard chart)

위험 대시보드 차트는 매트릭스 차트와 기간별 추이 차트를 통합한 것으로서 사업의 핵심 위험요인들에 대해 통합적 관점에서 추이 분석을 가능하게 함으로써 가장 적극적이며 효율적인 대응방안을 수립하고 실행결과를 확인할 수 있도록 한다. 그림 11.7은 위험 대시보드 차트 예를 보여주고 있다.

찾아보기

A-Z

EVMS(Earned Value Management System) 181
NGT(Nominal Group Technique) 55
SWOT 분석 56
VaR(Value at Risk) 155

ㄱ

가정 분석(Assumption Analysis) 57
건설위험관리(Construction Risk Management) 4
경영위험(Business Risk) 8
고위험 편중형 위험도 산정방법 82
공정위험대응차이(Schedule Risk Response Variance, SRRV) 190
공정위험대응효율(Schedule Risk Response Effective, SRRE) 194
공정위험성과지수(Schedule Risk Performance Index, SRPI) 188
기회(Opportunity) 5

ㄴ

내부위험(Internal Risk) 8

ㄷ

단순견적법(Simple Estimate) 105, 108
대응전략 효율(Mitigation Efficiency) 120
델파이 기법(Delphi Technique) 53
도식화 기법(Diagramming Techniques) 57
등급판정법(Grade Judgement) 73

ㅁ

몬테카를로 시뮬레이션법(Monte Carlo Simulation) 106, 110
민감도분석법(Sensitivity Analysis) 105, 108

ㅂ

발생확률(Probability) 15
배분전략(Share Strategy) 117
베타위험(β Risk) 164
보험가능위험(Insurable Risk) 8
불확실성(Uncertainty) 5
브레인스토밍(Brainstorming) 53
비용위험대응차이(Cost Risk Response Variance, CRRV) 190
비용위험대응효율(Cost Risk Response Effective, CRRE) 192
비용위험성과지수(Cos Risk Performance Index, CRPI) 187

ㅅ

사업예비비(Contingency Researve) 121
사업예비비(Contingency Reserve) 194
손실공정차이(Schedule Impact Variance, SIV) 189
손실비용차이(Cost Impact Variance, CIV) 189
순수위험(Pure Risk) 8

ㅇ

알려졌으나 모르는 위험(Known Unknowns) 8
알려진 위험(Knowns) 8
업무분류체계(Work Breakdown Structure, WBS) 9
영향(Impact) 15
영향도(Influence Diagram) 59
외부위험(External Risk) 8
위기(Crisis) 6
위험(Risk) 5
위험 감사(Risk Audit) 129
위험관리 조직체계 28
위험관리 참고자료(Risk Management Template) 31
위험관리 책임표(Risk Management Responsibility Chart) 41
위험관리(Risk Management) 4
위험관리(risk management) 9
위험관리계획 수립(Risk Management Planning) 37
위험관리계획(Risk Management Plan) 39
위험관리담당자(Risk Controller, RCr) 30
위험관리자(Risk Manager, RMr) 29
위험관리평가표(Risk Management Assessment Table) 134
위험관리프로세스(Risk Management Process) 10
위험대응계획 업무프로세스 119, 171
위험대응계획(Risk Response Planning) 113
위험대응비용(Risk Response Cost) 121
위험도(Risk Value, Risk Score, RV) 80
위험등록부(Risk Register) 60
위험목록(Risk Categories) 51
위험분류체계(Risk Breakdown Structure, RBS) 9, 21
위험성과지수 차트(Risk Performance Measurement Chart) 198
위험성과지수(Risk Performance Index, RPI) 181
위험약화전략(Risk Mitigation Strategy) 116
위험요소(Risk Factors) 15
위험요인 체크리스트(Risk Checklist) 57, 61

위험요인 체크리스트(risk checklist) 142
위험요인 평가표(Risk Factor Assessment Table) 144
위험요인사전(Risk Factor Dictionary) 139, 147
위험 유발원인(Triggers) 61
위험인정전략(Risk Acceptance Strategy) 115
위험인지(Risk Identification) 49
위험전가전략(Risk Transfer Strategy) 116
위험 재평가(Risk Reassessment) 129
위험추적 및 통제(Risk Monitoring and Control) 127
위험평가그룹(Risk Assessment Group) 31
위험평가위원회(Risk Assessment Committee) 30
위험허용도(Risk Threshold, Risk Toreance, RT) 120
위험회피전략(Risk Avoidance Strategy) 115
의사결정구조법(Decision Making Tree) 106, 111
임시 대응전략(Contingent Response Strategy) 118

ㅈ

잔여위험도(Residual Risk Value) 120
저위험 편중형 위험도 산정방법 80
전문가 인터뷰(Expert Interviews) 55
전혀 알 수 없는 위험(Unknowns) 8
정량 위험성과측정표(Quantitative Risk Performance Measurement Table) 196
정량적 위험분석(Quantitative Risk Analysis) 71, 99
정성 위험성과측정표(Qualitative Risk Performance Measurement Table) 196
정성적 위험분석(Qualitative Risk Analysis) 71, 72
중간위험 편중형 위험도 산정방법 84

ㅌ

탐사전략(Exploit Strategy) 117
투기적 위험(Speculative Risk) 8

ㅎ

하자드(Hazard) 6
향상전략(Enhance Strategy) 117
확률과 영향 매트릭스(Probability and Impact Matrix) 73
확률분포(Probability Distributions) 102

저자 소개

김선규

- 학력 – 한양대학교 공과대학 건축공학과(1977입학), 공학사
  – University of Michigan at Ann Arbor,
  MS in Construction Engineering & Management
  – 한양대학교 일반대학원 건축공학과, 공학박사
- 주요 경력 – 대림산업(주) : 입찰견적 및 건축시공
  – 한국전력기술(주) : 원자력발전소 및 경부고속철도 건설사업 공정관리, 인천국제공항 건설사업 시공계획
  – LG건설(주) : 건축 및 토목 건설공사 공정관리/건설관리, CM팀장
  – 미국 Virginia Tech. 방문교수
  – 현재 강원대학교 건축토목환경공학부 건축공학전공 교수
- 주요 자격증 – 건축시공기술사(1992). 미국사업관리전문가(PMP, 1995)
- 저서 – 공정관리특론(기문당, 2010)
  – 건설위험관리(기문당, 2010)
  – Advanced Topics in Measuments(InTech, 2011)
  – BDM공정관리(문운당, 2015)
  – 건축과 교수는 이렇게 집을 짓는다(북랩, 2017)

건설프로젝트 위험관리 정가 15,000원

저자 : 김선규

발행인 : 임해진
발행처 : 도서출판 구미서관

발행 : 2018년 6월 14일 초판 1쇄
2019년 8월 20일 초판 2쇄

등록 : 1979년 6월 29일 No.9–6호
주소 : 서울시 마포구 신촌로 2길 5-15 구미빌딩
전화 : 02–333–1101
팩스 : 02–335–2201
http://www.goomibook.com

ISBN 979–11–6257–028–9 (93530)